2020年苏州市科普专项资金资助项目

辐射与健康科普丛书

总主编　柴之芳

WO SHENBIAN DE FUSHE

# 我身边的辐射

主编　徐加英　赵　琳

苏州大学出版社
Soochow University Press

图书在版编目(CIP)数据

我身边的辐射 / 徐加英,赵琳主编. —苏州:苏州大学出版社,2021. 7
(辐射与健康科普丛书 / 柴之芳总主编)
ISBN 978-7-5672-3467-3

Ⅰ. ①我… Ⅱ. ①徐… ②赵… Ⅲ. ①辐射 Ⅳ. ①TL99

中国版本图书馆 CIP 数据核字(2021)第 043594 号

书　　名: 我身边的辐射

主　　编: 徐加英　赵　琳
责任编辑: 苏　秦
助理编辑: 郭　佼
装帧设计: 吴　钰

出版发行: 苏州大学出版社(Soochow University Press)
社　　址: 苏州市十梓街 1 号　邮编: 215006
印　　刷: 苏州市越洋印刷有限公司
邮购热线: 0512-67480030
销售热线: 0512-67481020

开　　本: 787 mm×1 360 mm　1/24　印张: 5.75　字数: 103 千
版　　次: 2021 年 7 月第 1 版
印　　次: 2021 年 7 月第 1 次印刷
书　　号: ISBN 978-7-5672-3467-3
定　　价: 35.00 元

若有印装错误,本社负责调换
苏州大学出版社营销部　电话: 0512-67481020
苏州大学出版社网址　http://www.sudapress.com
苏州大学出版社邮箱　sdcbs@suda.edu.cn

# “辐射与健康科普丛书”

# 编委会




**本书主编：** 徐加英　赵 琳

**编写人员：**（按姓氏拼音排序）

顾 佳　关杰文　马晓桠　马云龙

王静雯　吴德礼　徐加英　赵 琳

# 总序

电离辐射无处不在，从宇宙射线到核武器爆炸，从绚丽多彩的极光到核能发电，从辐照食品到医疗照射，都有电离辐射的踪迹。可以毫不夸张地说，没有电离辐射，人类文明将无法发展到今天的地步。然而，一谈到电离辐射，人们首先想到的却是核辐射，随之而来脑海中便浮现出1945年美国在日本广岛和长崎引爆的两颗原子弹所引起的惨状，抑或是1986年苏联切尔诺贝利和2011年日本福岛核电站核事故的灾难场面。

大众传媒对核辐射引起的破坏性的报道、核污染的长期影响以及国内辐射科普教育的不足，使大众对核辐射的恐惧心理达到了谈“核”色变的地步。目前，我国关于电离辐射的科普书籍还较少，相关科普信息在网络上有一些，主要是政府部门（如疾病预防控制中心、核与辐射安全中心等）发布的电离辐射生物效应与防护措施等相关信息，内容多集中在核电、医疗照射、工业探伤、安全检查等实际应用的安全防护措施上，对其基础科学原理涉及较少。

“辐射与健康科普丛书”（以下简称“丛书”）是由放射医学与辐射防护国家重点实验室组织相关专家编写的一

套适合大众阅读的科学普及读物，共有8个分册，分别是《从“核”而来》《电离辐射从哪来》《辐射对健康的影响》《医用辐射那些事》《“核”工业应用》《核能的奥秘》《核与辐射事故》《我身边的辐射》，是国内首套系统地介绍辐射与健康知识的科普书籍，具有基础性和通俗性。丛书在内容上安排合理，知识点覆盖广泛，能够让读者，尤其是青少年读者对电离辐射有一个比较全面而细致的了解。丛书将电离辐射的基础知识以问答的形式展现出来，既达到了科普教育的目的，同时也使原本专业性较强的自然科学知识变得通俗易懂。本套科普丛书最大的特色是图片结合文字的表述形式，大大增强了趣味性和可读性，使这套丛书适宜的读者人群扩大到中小学生群体，提高了其社会价值。相信这套丛书将会为我国核科学科普教育事业做出应有贡献，同时也会有利于我国核与辐射事业的可持续发展。

由于该领域知识内容庞杂，本套丛书无法介绍得面面俱到，读完后读者们不可能对辐射的一切了如指掌，但是肯定会了解足够的基础知识，并能够对辐射与健康的关系有更好的理解。本套丛书有助于读者科学、合理地判断辐射对健康的影响和辐射的风险，使大家对辐射的正负效应有客观的认识。

（中国科学院院士）

# 目录 CONTENTS

## 第一章 揭示电子设备的辐射真面目

## 第二章 饮食中的辐射大揭秘



## 第三章 探寻房屋中的辐射来源

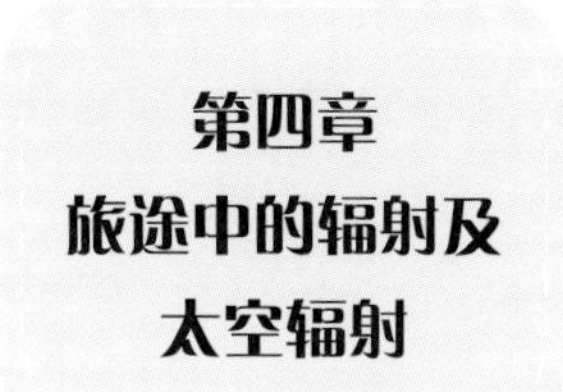

## 第四章 旅途中的辐射及太空辐射



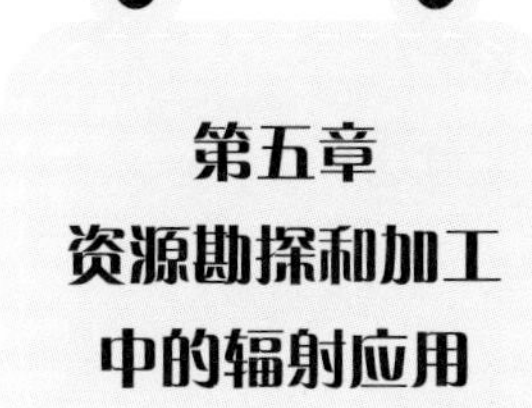

## 第五章 资源勘探和加工中的辐射应用

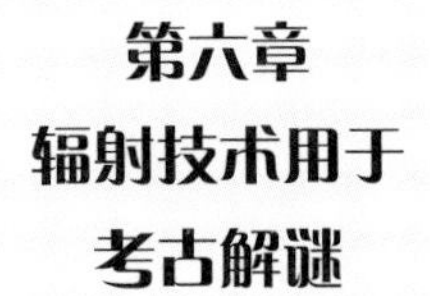

**第六章**
**辐射技术用于考古解谜**



**第七章**
**捍卫人类健康的辐射技术**

**第八章 解密影视中的辐射超能力**

# 第一章
# 揭示电子设备的辐射真面目

大家好！欢迎来到现代化电子电器设备的王国，随着电子设备及家用电器的普遍应用，人类的生活日渐便捷起来。有从“大哥大”脱胎换骨而来的智能手机，有从“大头屏幕”一路走来的笔记本电脑，有后起之秀平板电脑，有越来越“聪明”的智能电视、电冰箱、微波炉……王国的一切都由移动信号互联互通，从 2G 到 5G，我们的联络更加方便，关系更加亲密。今天，我们已然进入几乎所有人的生活——社交、学习、娱乐、购物、金融理财等，我们服务于生活的方方面面。但是你真正了解我们吗？你觉得我们会有辐射危害吗？

# 手机是否有辐射?

手机是否有辐射？有，属于非电离辐射。手机是日常生活中使用最频繁的无线通信设备，当我们使用手机进行呼叫时，它会发射高频电磁波，不过不用担心，这个高频电磁波的威力不是很大（光子能量不高），只会产生非电离辐射，比起核辐射（电离辐射）差远了。那么我们的身体对手机辐射会有什么样的感受呢？机体会因为吸收电磁场的能量而升温，产生“热效应”。科学研究表明，这一部分能量（电磁场能量）是否会深入人体组织是有一个界限的：在电磁场的工作频率达6 GHz以上时，照射人体的电磁场会深入人体组织；而在6 GHz以下时，电磁场的能量大部分会被人体表层吸收。

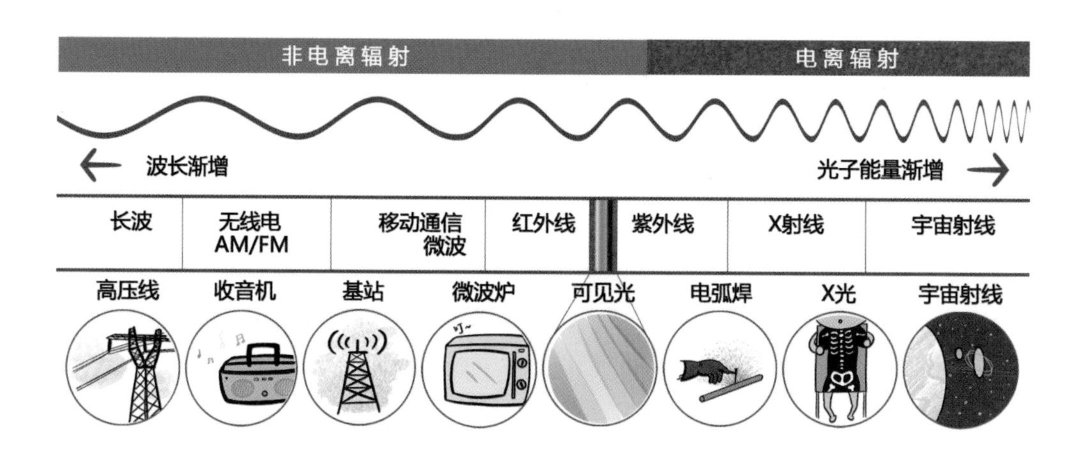

# 非电离辐射危害人体的机理是什么?

非电离辐射危害人体的机理主要是热效应、非热效应和累积效应等。

（1）热效应：人体 70% 以上是水，水分子受到电磁波辐射后相互摩擦，引起人体温度升高，从而影响到体内器官的正常工作。

（2）非热效应：人体的器官和组织都存在微弱但稳定有序的电磁场，一旦受到外界电磁场的干扰，处于平衡状态的微弱电磁场将被干扰，人体也会遭受损伤。

（3）累积效应：热效应和非热效应作用于人体后，在人体尚未来得及自我修复之前，如果再次受到电磁波辐射的话，其伤害就会累积，久而久之会影响人体的健康。

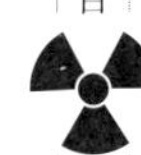

# 手机电磁辐射的大小受哪些因素影响?

我们已经了解到手机会产生电磁辐射，而电磁辐射的大小会受到很多因素的影响，比如手机的型号、使用者周围的地理环境及基站的设置等。

首先，在实际使用的过程中，手机在不同的状态下其电磁辐射大小是不一样的，在关闭数据流量的情况下，在待机、响铃、接通瞬间、通话中以及挂断瞬间等不同情境下的手机电磁辐射均不同。其次，使用者周围的地理环境也影响手机电磁辐射的大小，室外环境对辐射的影响程度要低于电梯环境。还有一点是手机与基站之间的距离，千万不要想当然地认为手机离基站越远越好，恰恰相反，手机离基站越近，辐射反而会越小。

# 我国对于手机的电磁辐射暴露限值是否有标准?

Av 我国就手机的电磁辐射暴露限值制定了相关标准，曾出台 GB 21288—2007《移动电话电磁辐射局部暴露限值》标准，适用频率范围 30 MHz ~ 6 GHz，该文件明确规定手机电磁辐射暴露限值为任意 10 g 生物组织任意连续 6 min 平均比吸收率 SAR 值不得超过 2.0 W/kg。目前通过正常渠道销售的合格手机都经过专业测试，其 SAR 值一般为 0.2 ~ 1.5 W/kg。

注：SAR 值为测量手机辐射的一个标准，指单位质量的物质单位时间内吸收的电磁辐射能量，单位是 W/kg。在实际测量中，SAR 值是依据公式通过测量温升或测量电场计算得到的。

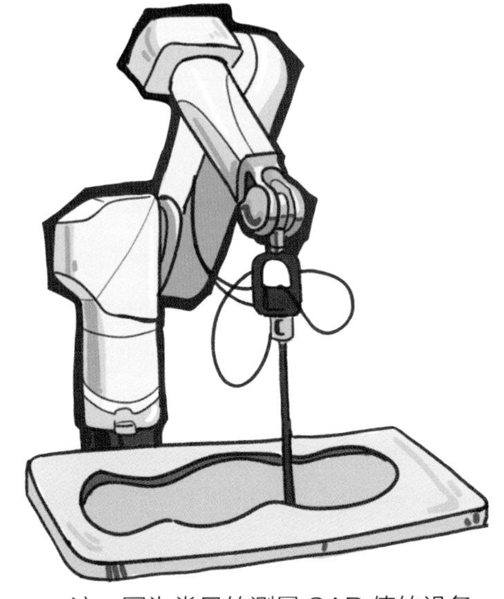

注：图为常见的测量 SAR 值的设备

# 手机对人体健康有危害吗？

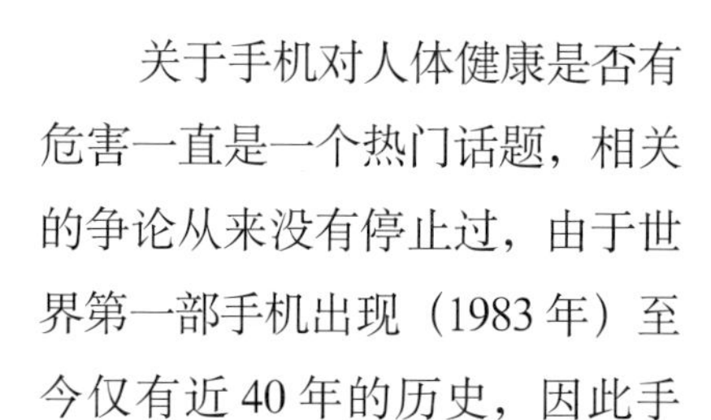

关于手机对人体健康是否有危害一直是一个热门话题，相关的争论从来没有停止过，由于世界第一部手机出现（1983 年）至今仅有近 40 年的历史，因此手机对人体健康是否有危害并没有绝对的定论。目前普遍的看法是：对于非电离辐射，不能说它对人体无害，只能说非电离辐射对人体造成的伤害极其微小，我们的机体可能具备修复这些伤害的能力。经过一系列调查研究，基本可确定长期使用尤其是不正确地使用手机的确会对人体产生不良影响，可诱发心血管系统、神经系统、视觉系统、生殖系统等疾病，还会产生诸如失眠、手机依赖、手机恐惧、手机幻觉等心理疾患。因此，提倡合理、正确地使用手机且尽可能减少使用手机的次数和时间。相信随着科学技术的进步和科学研究的推进，对于手机辐射的研究将不断深入，我们期待未来手机辐射对人体健康带来的影响会越来越小。

# 如何正确使用手机可降低电磁辐射的危害?

(1) 不宜长时间地观看手机屏幕，尽可能减少手机使用时间。

(2) 在待机、正常通话状态的电磁辐射是在安全范围之内的，在开启数据流量和接通 Wi-Fi 上网时，手机和身体有一定距离，电磁辐射较小，但是不要忽略电磁辐射的累积效应。

(3) 手机在通话前和挂断瞬间电磁辐射较大，此时应让手机远离头部。

(4) 手机的电磁辐射与手机信号的强弱有关。手机信号越弱，电磁辐射越强，所以当手机信号较弱时，尽量不要使用手机进行通话。



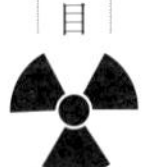

# 4G、5G 通信基站有辐射吗?

几年前出现 4G 网络的时候，很多人关心着一个话题：基站是否有辐射？现在 5G 的出现再一次将这个话题推上热门。中国工程院院士邬贺铨也在网络上对这个问题进行了回应：“很多人会误认为基站有电磁辐射危险，4G 基站美国的电磁辐射标准是每平方厘米 600 μW，中国基站电磁辐射标准只有 40 μW，比美国严格 10 倍。”在生活中，无线电台、基站天线、微波炉、计算机、电视机、吹风机、收音机等这些常见的和我们的生活息息相关的设备，也都会产生电磁辐射。

大家所关心的实质上是 4G、5G 基站是否会对人体造成不良影响。其实不需要太担心，按照国家标准要求建设的通信基站的电磁辐射其数值并不高，而且在实际执行的时候，运营商考虑到信号叠加，工程施工时还会将其控制得更低一点。与常用家用电器相比，小区基站的辐射量微乎其微。因为，通信基站天线的辐射其覆盖的面积较广，辐射功率分散在方圆几平方千米的面积上，平均值较低，而且与人体的距离超过 10 m，所以对人体的影响较小。反倒是笔记本电脑、手机等产品经常跟人体零距离接触，它们的辐射值反而更大。

# 4G、5G 通信基站哪个辐射更大？

网络提速和基站辐射增加无关。我们都知道 4G 网络速度比过去的 2G、3G 网络更快，而这个提速靠的是扩容传输带宽，就像拓宽高速公路一样。4G 时代，频率带宽大大提升，大家觉得网速更快了，但是 4G 通信基站的辐射标准并没有变。5G 通信基站也是一样。而且，就像上面解释过的一样，通信基站覆盖越密，手机信号接收才越好，用户受到的电磁辐射反而会越小。

4G 和 5G 通信基站，哪个辐射更大呢？从无线电技术角度看，与 3G、4G 基站相比，5G 基站的发射功率谱密度其实更低，所以 5G 基站的辐射相比于前者是变小了。另外，5G 网络所使用的无线电频段更高，衰减更快，所以在与基站同等距离的情况下，5G 基站的辐射值要比 4G 基站低。

这种说法是不对的，其实手机信号越好，反而对人体的辐射越小！通信基站数量越多，手机信号越好，手机通话效果就越好，手机和基站产生的电磁辐射也越小。

简单地分析一下这种现象的原理：手机与基站之间的智能控制机制会动态调整二者之间的通话信道、电磁辐射功率。通俗地说，通信基站覆盖越好，手机通话信号就越好。信号好，那么手机与基站联系更加容易。基站的发射功率小，对应功耗低，对人体的辐射也小。

实验显示，手机只剩一格信号的时候，通话 1 min 的辐射量相当于基站 1 年的辐射量。所以，如果您经常发现随身手机的信号强度显示只有一格，应该主动和运营商联系，争取在附近建基站，这样既可以提高通话接通率，又可以降低手机的发射功率，可使通话者处于比较安全的环境中。

## 手机信号越好，电磁辐射越大吗？

# 离通信基站越近，辐射越大吗？

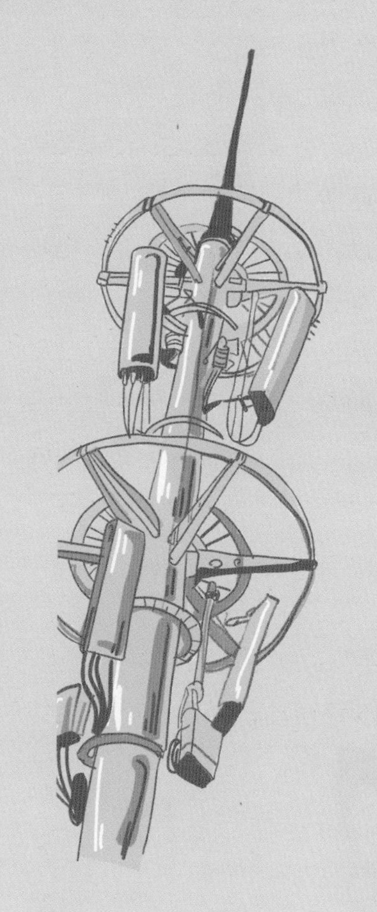

这种说法是不对的，通信基站辐射属于“灯下黑”，所以距离近不一定辐射大。目前，绝大部分的通信基站优先选择建设在公园、绿地、广场、路灯杆等相对宽敞的公共区域内，这样距离居民小区较远，出现这种现象的原因主要是很多市民认为离通信基站越近辐射越大，因此反对在自家小区内或楼顶上建通信基站。但其实，通信基站的电磁波主要向水平方向发射，在垂直方向上衰弱明显。就像油灯一样，越靠近灯下越黑暗，越向外亮度就越高，所以基站的正下方其实是辐射程度相对较小的。此外，发射基站越高，对人体的影响就越小。

# 计算机是否有辐射?

计算机对人体的辐射也属于非电离辐射。有数据表明，计算机的辐射值比较大的位置是台式机主机位置、显示屏的背面与侧面，笔记本电脑则是键盘上方位置。不管是台式机还是笔记本电脑，距离保持在 30 cm 以上，辐射值便在安全范围内。然而，有报道称，每天在计算机前操作6 h以上的人员，易患上“计算机综合征”，该病症是长期面对着计算机等电子荧屏而使身体患病的总称，不能完全归咎于计算机辐射。该病主要症状是视力功能障碍，颈、肩、腕等部位功能障碍，以及月经不调、流产等妇科病症。因此，建议尽量减少使用计算机的时间，并且注意适当增加体育运动，以减少计算机综合征的发生。

# 防止计算机电磁辐射的方法有哪些?

目前，很多工作都离不开计算机，其电磁辐射无法避免，那么应该如何尽量减轻呢?

（1）操作计算机时，要与屏幕保持 50 cm 左右的距离。显示屏的亮度和对比度的调节要适中，屏幕亮度越大，电磁辐射越强，也不能调得太暗，以免因亮度太低而影响视觉效果，从而造成眼睛疲劳。

（2）长时间操作计算机，脸上会吸附电磁辐射的颗粒，操作完毕可及时用清水洗脸。

（3）操作计算机 1 h 左右，至少要休息 15 min。

（4）放置计算机的房间最好能安装换气扇和注意通风，这是因为计算机的荧屏能产生一种叫作溴化二苯并呋喃的致癌物质，所以要注意通风。

（5）尽量不要让计算机的屏幕背面朝着有人的地方，因为计算机的辐射最强的是背面，其次为左右两侧。

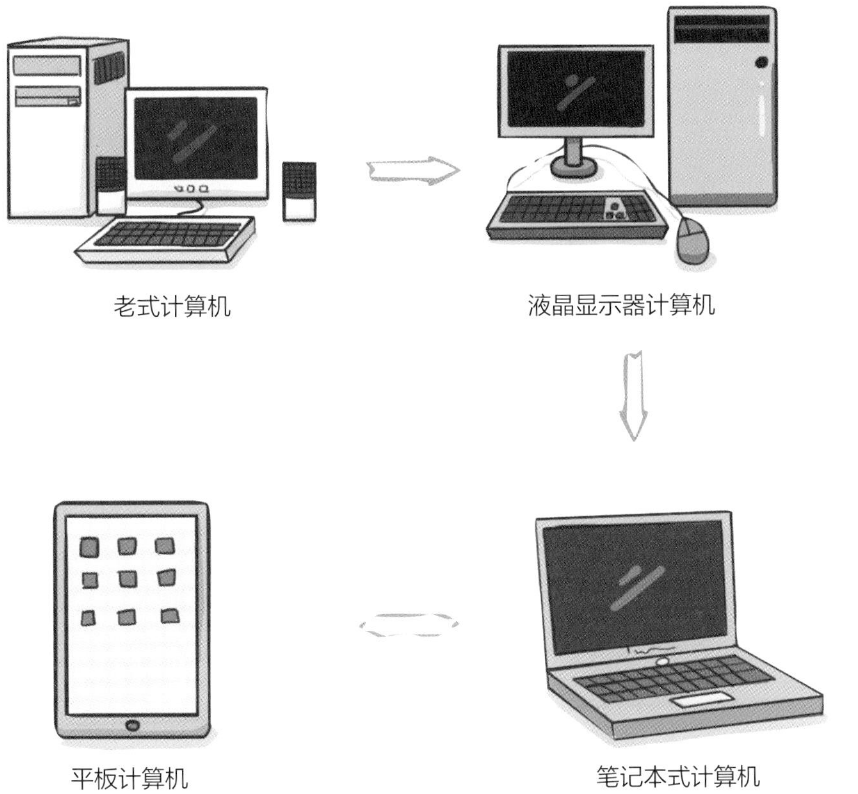


注：　此图为电脑发展史



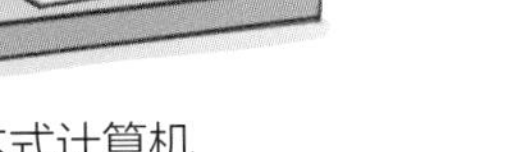

# 隔离霜能否阻挡计算机的辐射?

不少女性担忧屏幕的电磁辐射会导致脸上长斑点、毛孔变粗大，进而损伤皮肤。她们选择涂隔离霜，希望能挡住辐射。可这到底有没有效果呢?有专家认为，隔离霜虽然不能抵挡电磁辐射，但能在一定程度上起到预防的作用。事实上，电磁辐射对皮肤的损害，主要是屏幕辐射产生静电会吸附灰尘，长期面对屏幕，灰尘也会停留在皮肤上。涂隔离霜，能有效避免灰尘堵塞毛孔，预防黑头、粉刺的形成。用完计算机后，最好用温水和洗面奶彻底清洗面部，洗掉静电吸附的尘垢。

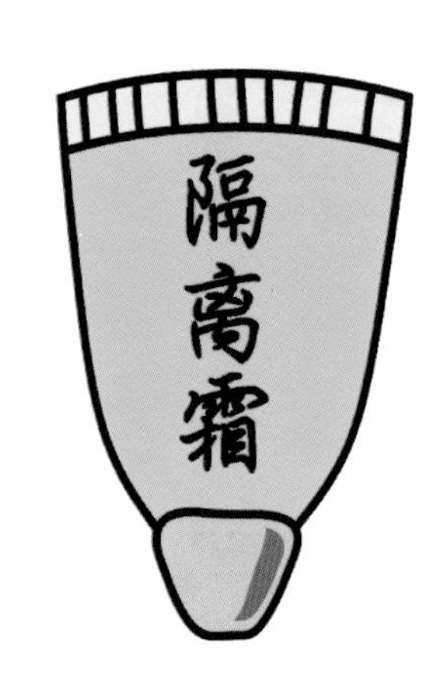

# 在电脑桌前放置一盆仙人掌，可以防辐射吗?

相关研究表明，仙人掌没有任何防辐射的作用。很多人以为仙人掌有防辐射的功能，是因为他们认为仙人掌生活在沙漠中，那里环境干旱，而且太阳辐射很强，所以联想到能在这么强的紫外线下生存的植物一定有防辐射的功能，于是给仙人掌戴上了一顶能防辐射的高帽子。电脑辐射中除了光辐射之外，还含有非电离辐射、静电电场、电磁辐射、电磁波等。这些射线和电磁波，小小的仙人掌不但不能吸收，长期接触反而会对仙人掌产生损伤。

# 家用电器的电磁辐射对人体健康的影响大吗?

在这个科学技术飞速发展的时代，我们的日常生活都离不开液晶电视、电冰箱、音箱、微波炉、电水壶、吸尘器等家用电器，它们给我们带来了很多方便，也给我们带来了大大小小的电磁辐射。值得注意的是，有些不太起眼的小家电，如电吹风、电热毯等，往往会产生相对强的电磁辐射。但也不必太担心，它们的辐射值远低于限定值，合理正确地使用家用电器，并养成良好的生活习惯和卫生习惯，家用电器就不会对我们的健康造成影响，而会使我们的生活变得更加温馨和舒适。

(1) 液晶电视。

液晶电视的电磁辐射类似于计算机的显示器产生的辐射。不过因为人们看电视时的距离一般要比看计算机的显示器时远得多，受到的电磁辐射也要小得多。有报道称，看电视时应该在电视屏幕1 m之外的距离。所以，即便长时间看电视，也不会由于电磁辐射产生过度危害。不过长时间看电视还是对视力有损害的，出于对身体健康的考虑，应该适度看电视。

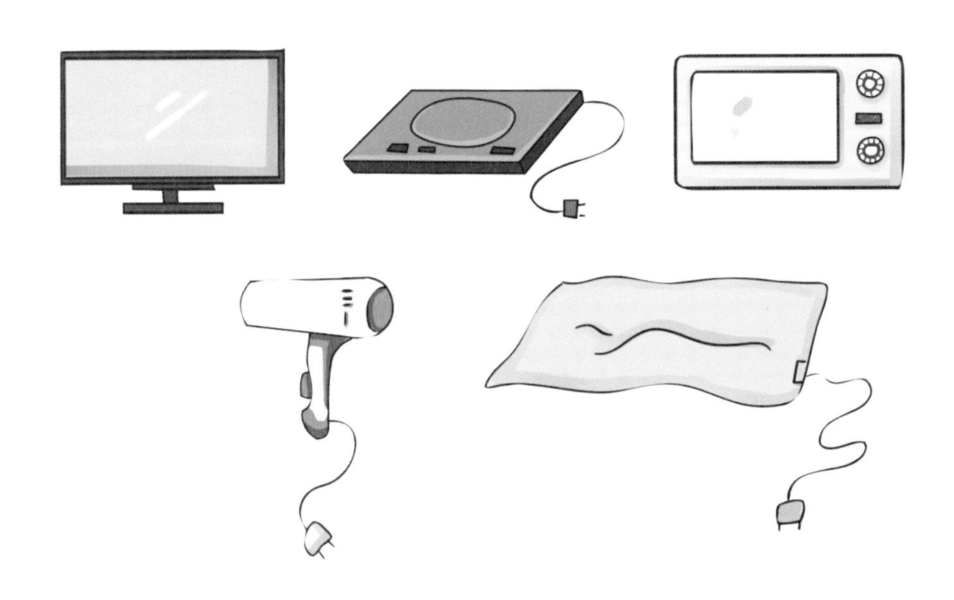

（2）电磁炉。

如今，越来越多的家庭开始使用电磁炉烹饪美食。例如，和亲朋好友围坐在一起用电磁炉吃火锅，是再好不过的聚会了。可是有人说电磁炉的电磁辐射很强，对周围一圈人都有辐射。事实是如此吗？如果是在灶台上烹饪食品，人一般不会离电磁炉很近，即便是吃火锅，由于习惯上在火锅周围还要摆放菜品和餐具，其距离也要在 40 cm 以上。所以，电磁炉的电磁辐射并不会对人体健康不利。

（3）微波炉。

随着生活节奏越来越快，微波炉走进了千家万户。它的名字里就带着“波”，使许多人联想到它会产生很多电磁波，电磁辐射也一定很强。有报道称距离微波炉正面 70 cm 以上就检测不到电磁辐射。如果你担心受到电磁辐射，在开启微波炉后就迅速与之保持一定距离，这样就不会受到电磁辐射的影响。

（4）电吹风。

一个 1 000 W 的电吹风，工作时的电磁辐射是计算机显示器产生的电磁辐射的 3 倍多。而且由于电吹风工作时是正对着头的，它的辐射强度可想而知。不过人们每次使用电吹风的时间一般很短，大多 3 ~ 5 min，对人产生不了太多危害。生活中应该尽量减少电吹风的使用时间，以减少电磁辐射所带来的危害。

（5）电热毯。

电热毯工作时的电磁辐射比电吹风还要多，当人躺在电热毯上时，两者之间为密切接触。像前面提到的几种电器，都可以通过增大距离来减少电磁辐射，但这种方法对电热毯完全无效。因此，建议在使用电热毯时，在睡觉前将其关闭，以免发生人长时间处于电磁辐射中的情况。有研究表明：长期使用电热毯，很容易诱发各种身体疾病。轻者引发头痛、头晕、发热等症状，重者呼吸困难、甲状腺功能减退、肾上腺功能障碍，甚至有诱发白血病的可能等。另外，即使人不在床上，也不要长时间开着电热毯，以免诱发火灾等事故。

# 如何避免家用电器的电磁辐射?

(1) 购买合格家电产品，要选择正规厂家生产的有 3C（China Compulsory Certification）认证的产品。

(2) 避免家用电器扎堆放置。容易产生电磁波的家用电器，不宜集中摆放在卧室等人长期停留的房间里。

(3) 避免因操作失误导致电磁辐射泄漏。

(4) 与家用电器保持足够的安全距离，避免长时间操作或使用家用电器。

(5) 在看完电视或用过计算机之后及时洗脸、洗手。电视机、计算机等电器的荧光屏所产生的电磁辐射可导致皮肤干燥，加速皮肤老化，所以要及时洗脸、洗手。

(6) 避免电器长期处于“待机”状态，不用时应及时切断电器电源，拔掉电源插头。长期待机的家用电器，不仅浪费电能，而且还产生较微弱的电磁场，时间长了也会产生辐射累积。

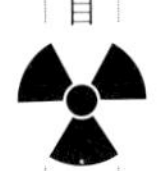

# 我们生活中有哪些抗辐射的食物?

日常生活中常见的可以抗辐射的食物有很多，例如：

（1）黑芝麻：黑芝麻可以增强机体细胞的免疫力，能有效地保护人体健康。

（2）番茄：番茄红素可以在肌肤表层形成一道天然屏障，有效阻止外界紫外线、辐射对肌肤的伤害。

（3）紫菜：紫菜中含有大量的硒，能增强机体免疫功能，保护人体健康。

（4）辣椒：可以调动全身的免疫力，也具有防辐射的功能。

除此之外，绿茶、海带、大蒜、胡萝卜、豆芽、瘦肉、动物肝等富含维生素A、C和蛋白质的食物，也具有抗辐射功能。

值得注意的是，常用手机、计算机的人在饮食上应注意以下几方面：（1）吃一些对眼睛有益的食品， 如鸡蛋、鱼类、鱼肝油、胡萝卜、菠菜、地瓜、南瓜、枸杞子、菊花、芝麻、萝卜、动物肝脏等；（2）多吃含钙质高的食品，如豆制品、骨头汤、鸡蛋、牛奶、瘦肉、虾等；（3）注意维生素的补充，多吃含有维生素的新鲜水果、蔬菜等；（4）注意增强抵抗力，多吃一些增强机体抗病能力的食物，如香菇、蜂蜜、木耳、海带、柑橘、大枣等。

# 第二章 饮食中的辐射大揭秘

民以食为天，而日常饮食中也存在着各种情状的辐射。一方面，自然环境中存在着各种各样的放射性核素，有可能通过各种渠道进入各种生物体内，从而通过食物链进入人体；另一方面，为了提高农作物产量以及延长食物的保鲜期，放射线在其中大显神威。你想知道我们的食物中有哪些具有放射性吗？你想知道如何利用放射线加工食品从而达到保鲜目的吗？

# 1

## 日常生活中的食品里有没有放射性核素?

食品安全一直以来都是老百姓最关心的民生问题之一，可以说与每个人都息息相关。近年来，食品安全问题就常常处在舆论的风口浪尖上，各种食品安全隐患的曝光以及满天传播的谣言，让人们不得不用怀疑的目光看待餐桌上的食品。那么问题来了，我们日常生活中的食品里有没有放射性核素呢？答案是有。我国政府对这个问题也是相当重视，几十年间对我国的陆生食品进行了多次放射性调查，另外还对可能存在放射性污染的沿海海域进行抽样检查，调查其中存在放射性核素的含量。结果显示，无论海洋还是陆地，从 20 世纪 40 年代起都受到人

工放射性核素的污染，膳食中不仅存在着天然放射性核素，也存在人工放射性核素，如表1所示。八大类陆生和水生食品中 $^{137}Cs$、$^{134}Cs$、$^{110m}Ag$、$^{58}Co$、$^{60}Co$、$^{131}I$、$^{238}U$、$^{232}Th$、$^{226}Ra$、$^{40}K$、$^{90}Sr$ 等放射性核素的水平及分布，为食品行业标准里重点关注的对象。

**表1　我国一些地区蔬菜中的人工放射性核素活度**

| 样品名称 | 采样地区 | 采样时间 | 比活度大值 (Bq/kg 鲜重) |
|---|---|---|---|
| 莴笋叶 | 上海 | 2011-04-01 | 0.65 |
| | 北京 | 2011-05-02 | 1.27 |
| | 南京 | 2011-04-06 | 1.29 |
| | 广州 | 2011-04-07 | 0.33 |
| 蒿子 | 北京 | 2011-04-11 | 2.30 |
| 小白菜 | 海南文昌市 | 2011-04-05 | 0.19 |
| | 广州 | 2011-04-10 | 1.90 |
| 青菜 | 上海 | 2011-04-11 | 0.40 |
| | 南京 | 2011-04-12 | 0.29 |
| 莙达菜 | 广州 | 2011-04-07 | 0.19 |
| 油麦菜 | 广州 | 2011-04-07 | 0.53 |
| | 杭州 | 2011-04-15 | 0.15 |
| 白菜 | 广西合浦县 | 2011-04-10 | 0.68 |
| 芥菜 | 北京 | 2011-04-03 | 2.28 |
| 荠菜 | 杭州 | 2011-04-06 | 0.49 |

# 日常生活中的饮用水是否含有放射性核素?

日常生活中的饮用水中也是存在微量放射性核素的，长期饮用含有过量放射性物质的水，人便会受到持续辐射，若长期受到辐射的剂量超过一定水平，则有可能危害人体健康。正常情况下饮用水中的放射性核素主要有天然放射性核素和人工放射性核素两类。天然放射性核素主要来自自然的岩石、土壤、空气等含有的放射性核素，含有这些核素的水溶性物质可被流水带到饮用水源中，不溶性的放射性物质也会随泥沙等固体颗粒进入水体，空气中含有的放射性核素也可被雨雪、降尘带入水中，包括 $^{40}K$ 以及钍系和铀系核素，如 $^{226}Ra$、$^{228}Ra$、$^{234}U$、$^{238}U$、$^{210}Pb$ 等。

人工放射性核素包括来自核燃料循环设施排放的核素，通过正常或事故排放进入饮用水源的医用或工业用非密封放射性核素，以及以往核试验或核事故释放到环境中的核素等。常见的人工放射性核素有 $^{131}I$、$^{137}Cs$、$^{90}Sr$ 等。如果是类似切尔诺贝利核电站的严重的核泄漏事故，处理不当的话会在一定时间内向环境释放出巨量的放射性物质，导致一定范围的水体受到严重的放射性污染，污染甚至会在海洋中扩散到更大的范围。

# 在核和辐射应急照射情况下，如何保障食品中的放射性安全？

之前提到，食品和饮用水中可能包含天然或人工产生的放射性核素，这些放射性污染物经食物进入人体，可蓄积在人体内部，长此以往，有可能对人体健康造成影响。为减少或避免公众受到辐射照射危害，最大限度地保护公众健康，《国际辐射防护和辐射源安全基本安全标准》(BSS) 规定，主管部门应制定食品及饮用水中放射性核素引起照射的参考水平。我国《电离辐射防护与辐射源安全基本标准》中也规定，应在核和辐射事故应急照射计划中规定用于停止和替代特定食品与饮水供应的行动水平。

联合国粮农组织（FAO）、世界卫生组织（WHO）联合食品法典委员会发布了现存照射情况下食品和饮用水中放射性核素的剂量水平，而国际原子能机构

（IAEA）发布了应急照射情况下用放射性核素的剂量水平。现存照射情况下，控制食品和饮用水引起照射的个人剂量准则为每年 1 mSv，这也就是正常情况下每个人受到食品和饮用水引起的照射的正常水平。而在核或辐射应急照射情况下，IAEA 规定采取防护行动的通用准则为事故后第一年预期剂量＞100 mSv。同时规定，对食品和饮用水采取限制措施剂量准则为通用准则的 1/10，即一年≤10 mSv，这样是确保考虑所有照射途径（包括外照射和吸入、食入等途径）的情况下，人员接受的总剂量不超过采取防护行动的剂量通用准则。

# 碘盐是否能防辐射?

食用碘盐真的可以防辐射吗？答案是否定的。事实上，碘元素对防辐射是有用的，然而目前市场上出售的碘盐中的碘含量是非常低的，达不到对放射性碘防护作用所需要的剂量水平。若想通过食用碘盐达到防治核污染造成的放射性碘危害需要的剂量，一个成人一次性至少需要服用 2 kg，这远远超过了人体所能接受的程度。在紧急情况下只有食用碘片才能达到防辐射的作用，但是必须根据实际情况，不能盲目过量食用碘盐或碘片，否则对身体有害无益，比如造成碘超标以及甲亢等疾病。服用碘片，应在专业人员的指导下进行。

# 住在核电站周边是否会引起食品中放射性物质含量的增加?

核电站运行、核武器试验和制造以及放射源的使用等，这些人类活动的确会产生一些人工放射性核素。另外，铀矿石的开采加工、化肥生产、石油燃料开采、金属提炼等过程也在一定程度上增加了环境中天然放射性物质的水平。然而，一般来说核电站的选址会避开人类聚居地，并且我国的核电站

秦山核电站

都有着严密的放射性监测系统。例如，秦山核电站于1991年12月正式投入商业运行以来，国家部署相关部门一直密切关注着核电站运行的周围环境的监测与调查分析。秦山核电站地处杭州湾畔，水系错综复杂，水中所含能溶解的残渣量受水文、气候、地质等因素影响，因此监测人员采集了足足22份水源水、出厂水、末梢水进行实验分析。核电站在正常运行状态下的检测结果表明，其辐射影响远低于天然辐射水平。秦山核电站周边不同类型不同时期饮用水中放射性水平远低于《生活饮用水卫生标准》中规定的放射性指标限值的标准要求，与国内其他省份饮用水中的放射性水平相符。

# 香烟是否具有放射性危害?

据调查，每天吸一包半香烟的人，一年中其肺部接受的放射性相当于300次胸部X光拍片。科学家们现已发现香烟具有与放射性同位素一样的毒害作用，放射性可能是一半以上吸烟者患肺癌的原因。那么香烟是如何产生放射性的呢？在烟草的生产过程中，它可以吸收自然界里的放射性物质。最近几年又发现化肥里含有大量的放射性元素，这些具有放射性的元素被烟草所吸附，当香烟点燃时，烟头的热使相关成分分解成不溶性颗粒，于是被吸烟者吸到肺里。这些颗粒易于沉积到气管的分支处，经过长期积累，这里就成了放射性的源头。

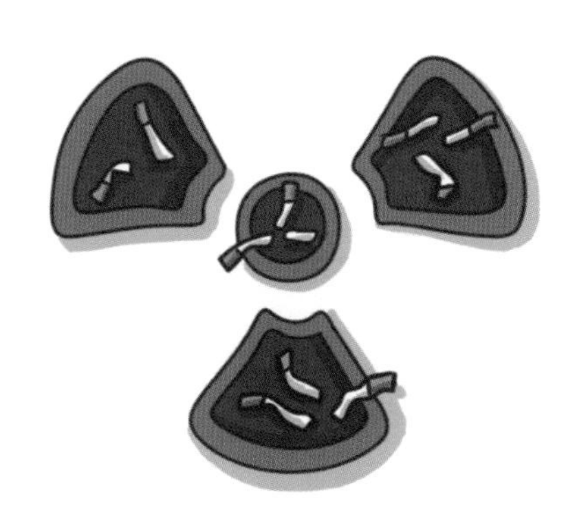

# 香蕉中有放射性核素吗?

香蕉是有辐射的，吃 50 根香蕉接收到的辐射剂量与照一次牙科 X 光所接收到的辐射剂量相同。香蕉在生长的过程中，对钾的吸收量要远远高于其他元素，相当于水稻或玉米吸钾量的 5 ~ 7 倍，因此香蕉富含钾元素。而天然钾当中约有 0.011 7% 的放射性钾，所以香蕉也是有辐射的。但是一根香蕉的放射剂量是微乎其微的，所以爱吃香蕉的小伙伴不用过于担心，只要你一年内吃不超过 10 000 根香蕉（平均每天约 27 根），还是非常安全的。

## 辐照食品加工是否影响食品的品质?

食品辐照技术是20世纪发展起来的一种灭菌保鲜技术，其主要原理是利用电子束射线、γ射线和X射线等原子能射线的辐照能量对粮食、蔬菜、水果、蛋及蛋制品、水产品及其制品、新鲜肉类及其制品、饲料、调味料以及其他加工产品进行杀虫、杀菌、抑制发芽等处理，从而能够在最大限度上降低食品的损失，让它在一定的期限内不腐败变质、不发芽、不发生食品风味的变化，使食品保藏期延长，达到保障食品质量安全的目的，便于扩大食品的供应量。

食品辐照技术的原理简单来说就是用高能射线对食品进行冷加工，从而达到杀虫、灭菌、保鲜等作用。由于食品辐照技术是常温下的杀虫灭菌技术，与传统的高温高压、巴氏灭菌技术相比较，反而对食品原有的营养成分影响更小，更能保存食品原有的风味。可以说辐照食品加工非但不会降低食品品质，反而保证了食品的质量。

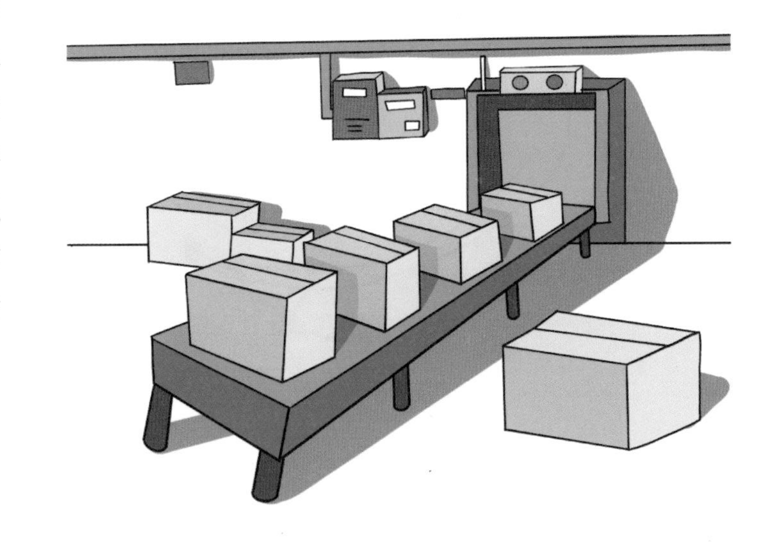

# 辐照食品加工存在哪些优势?

辐照食品加工存在以下优势：

(1) 辐照加工是一种“冷加工”的物理方法，冷加工的意思并不是指低温，而是指辐照过程一般在常温下进行，只产生较少的热量，能保持食品的香味和外观品质。

(2) 食品辐照采用具有强穿透力和较高能量的射线，不需要添加任何化学药物，既卫生又安全。

(3) 辐照可以杀灭食品表面和内部的各种寄生虫、致病菌和昆虫，改进食品卫生质量。

(4) 辐照加工过程简单，操作方便。

(5) 食品辐照过程中采用的射线具有很强的穿透力，能连续、均匀且大批量杀灭各类包装、固体、液体、干货及鲜果内部的害虫和病菌，具有

十分广泛的应用范围和前景。

在安全方面，早在1983年至1988年期间，WHO先后发表声明，明确指出辐照食品不存在营养学、微生物学和毒理学上的任何问题，是一种安全的食品。当前，在世界范围内已有500多种辐照食品获批在53个国家和地区进行生产，其中，进行了商业化应用的有30多个国家，拉开了辐照食品大规模商业化生产阶段的序幕，每年的辐照加工量在30万吨以上。

## 食品经过辐照处理后，会不会产生放射性？

食品经过辐照处理后是不会产生放射性的，从理论上来说，辐照食品加工放出的 γ 射线有最大能量的限制，要使食品成分中的元素在放射照射后诱发放射性，至少需要这个最大能量十倍的能量。国内外专业人员长期测量结果证明，被加工食品是不会产生放射性的，射线也不会残留在食品中。

辐照食品标识

# 食品经过辐照处理后，会不会产生有毒物质？

食品辐照处理技术从开始研究到应用经过了漫长的试验期，几十年来，世界上30多个国家的科学家相继开展了关于辐照食品的卫生及安全性方面的系统研究，研究试验工作的深度远远超过历史上任何一种食品加工技术。长期的动物毒性试验结果证明，食用辐照食品的动物生长、发育、遗传与食用未经辐照处理食品的动物完全相同。其中致畸、致癌、致突变实验的结果也没有明显阳性指征。

20世纪七八十年代，美国、中国等国家先后开展了人体试食试验，参加试验的志愿者多达数百人。经过为期三个月的食用辐照食品试验，经严格体检及血液生化检查，无任何不良结果。基于此，联合国粮农组织、国际原子能机构、世界卫生组织共同组成的“国际食品卫生安全评价联合专家委员会”于1980年在日内瓦正式宣告：“用10 kGy以下剂量处理的任何食品不会产生毒理学上的问题，今后可以不再进行毒理学试验，而允许市售。”

这样长期大量的实验以及国际组织的保证是否让你对食品辐照加工技术更加放心了呢？

# 食品经过辐照处理后，营养成分是否会被破坏?

食品中的营养成分，主要是指蛋白质、脂肪、碳水化合物、维生素。我们可以将食品辐照加工技术和生活中对食品的加工技术做一个比较。科学分析表明，辐照处理食品所引起的营养成分的变化，小于食品通常在加热蒸煮或煎炒时所引起的营养成分的变化。如果这样比较还不够精准的话，我们可以用数字来说话。辐照食品的营养价值可以由人体食用后的利用率来综合评价,结果发现,就蛋白质的利用率来说，未辐照的为85.9%，而辐照的为87.2%；脂肪的利用率，未辐照的为93.3%，辐照的为94.1%；碳水化合物的利用率，未辐照的为87.2%，辐照的为87.9%；维生素方面同加热受破坏相比，水溶性维生素类辐照和不辐照的相同，而对于脂溶性维生素来说,辐照的稍多一些。根据上面的数据,辐照加工对食品内营养成分的影响是很小的，所以不必太过担心。

# 世界食品辐照技术应用推广主要在哪些方面?

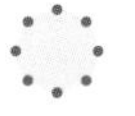



目前世界上有50多个国家采用辐照技术处理农产品和食品（表2），主要在四个方面：

（1）第一类是低剂量辐照抑制根茎类或块茎类农产品的发芽和腐烂，如洋葱、大蒜、生姜和薯类等。目前，阿根廷、孟加拉、智利、以色列、菲律宾、泰国、乌拉圭、中国、日本等已有工业化规模辐照的土豆、洋葱和大蒜在国内外市场销售。

（2）第二类是低剂量辐照杀虫、延长贮存期和检疫，如辐照谷物和面粉、鲜果和干果。俄罗斯、德国等国已在工业化水平辐照谷物。美国、南非、菲律宾、泰国等已将辐照作为一种检疫处理手段，杀灭热带水果（如芒果、番木瓜）中寄生的果蝇，这种经辐照处理的水果已在美国、东南亚和欧洲市场上销售。

(3) 第三类是通过辐照针对性地灭菌，防止致病菌危害人类健康，如各种肉类及其加工制品、海产品和鱼虾、香料和调味品、饲料等由于致病菌污染而致病。比利时、荷兰等国用辐照处理冷冻海产品和香料调味品，法国已用电子束辐照冷冻家禽肉并已工业化。印度政府决定主要发展电子束进行食品辐照处理。

(4) 第四类是高剂量彻底灭菌。主要用于辐照处理医院特需病员和宇航人员等特种人员需要的无菌食品。一些国家用高剂量处理应急食品和军需食品以延长保质期。

我国已建成近 140 座主要用于辐照处理食品的 γ 辐照装置和近十台高能电子加速器，上述四个应用领域都有一定工业化规模，2008 年处理农产品和食品总量达 18 万吨，对国民经济的贡献达 150 亿元，并且在以年均 15% 的速度增长。

表2　食品辐照的剂量控制与应用

| 辐射剂量分类 | 功能与目的 | 吸收剂量 /kGy | 应用食品 |
| --- | --- | --- | --- |
| 低剂量辐射 | 抑制发芽 | 0.05 ~ 0.15 | 马铃薯、大蒜、洋葱、甘薯等 |
| | 阻止蘑菇开伞 | 0.2 ~ 0.8 | 蘑菇类 |
| | 延缓成熟 | 0.2 ~ 0.8 | 木瓜、番茄 |
| | 消除谷物中的仓储害虫 | 0.2 ~ 1.0 | 粮食、豆类 |
| | 预防旋毛虫等 | 0.3 ~ 1.0 | 猪肉等 |
| 中剂量辐射 | 杀灭食品中腐败微生物 | 1.0 ~ 3.0 | 果蔬、畜肉及其制品、鱼介类 |
| | 杀灭食品中病原菌和寄生虫 | 3.0 ~ 8.0 | 畜肉及禽肉等 |
| 高剂量辐射 | 辐照阿氏杀菌 | 40 ~ 60 | 肉类及其制品、发酵原料等 |
| | 改良食品品质 | 50 ~ 100 | 酒类陈化、面粉和淀粉的品质改良 |

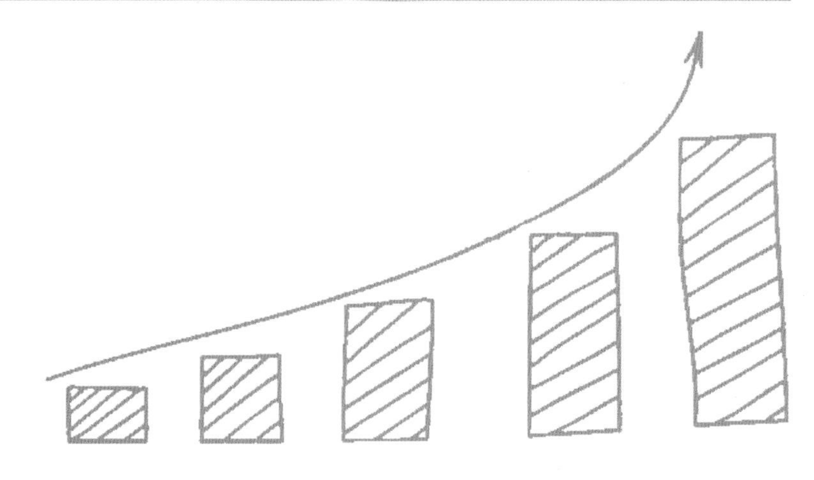

# 第三章
# 探寻房屋中的辐射来源

我们居住的房屋是由各种建筑材料构成的，如花岗石、泥土、砖瓦、混凝土和木材等。随着人们生活水平的提高，室内装修成为热门的行业，天然石材和人造装饰材料不断改进美化着我们的居住环境。然而，这些建筑材料都或多或少地含有放射性物质，长期的暴露将增大人们罹患疾病的风险。让我们一起来看看房屋中有哪些辐射来源。

# 哪些建筑材料具有放射性?

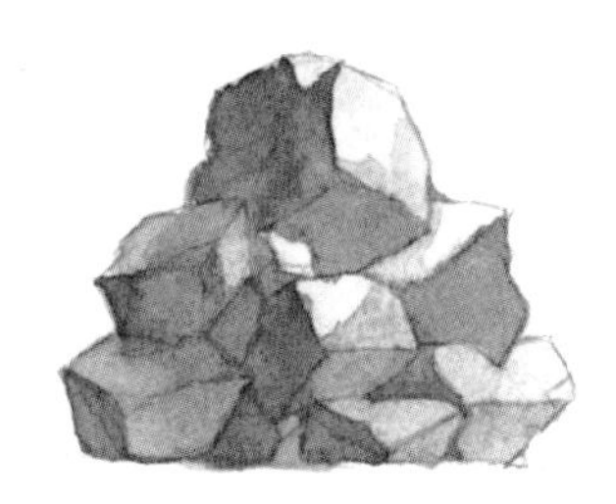



建筑材料中也存在放射性，在我国的建筑物中常见的建筑材料（如砖、瓦、水泥、石灰及石材等）大多都有一定的放射性，其中的镭（Ra）、氡（Rn）、钍（Th）、钾（K）是重点要注意的放射性核素，因为它们是引起建筑物内放射性污染的罪魁祸首。建筑材料中的放射性核素主要来源于原料本身含有的天然放射性核素和加工过程导致的放射性核素富集。

石材中所含有的放射性物质以天然放射性元素居多，其在衰变的情况下会产生镭和铀，当衰变到一定程度时就有可能对人体产生较大的伤害。在我们日常生活中最常见的建筑石材花岗岩中，放射性镭和铀含量最高而且放射性最强。木材中的放射性是由土壤转移来的。由于土壤中天然放射性核素的含

量不同，木材中的放射性也有所区别。

建筑材料的加工过程也会导致其带有更强的放射性，如在水泥生产过程中，若掺入具有放射性的石膏、矿渣、粉煤灰等混合材料，会使水泥具有较高的放射性；陶瓷坯料及表面不同颜色的釉料，随原料不同，辐射水平也有所差异。

看到这里你是否会对身边的建筑感到一丝畏惧呢？建筑材料中的放射性核素对人体造成的内外照射是公众环境电离辐射的主要组成部分，其影响确实是不容忽视的，所以我们应该引起重视。

# 建筑材料如何对人体产生放射性危害?

建筑材料的放射性对人体的伤害，主要通过两个途径产生：一个是外照射，主要是 γ 射线，由于它在空气中的电离小、射程长，可以从建筑材料中被放射出来，从人体外部对人体构成伤害；另一个是内照射，主要是 α 粒子，由于它的射程短，在它所经过的路径上，会造成原子的电离密集，人们吸入放射性气体——氡，在体内近距离释放 α 射线，分解体内细胞而破坏生理平衡。α 射线在体内的分布越集中，细胞受伤害的程度越大，修复的可能性也就越小。α 射线的由来是因为建筑材料中所含的天然放射性核素 $^{238}U$ 在衰变过程中变成镭，镭不稳定衰变成氡，氡继续衰变放出 α 射线。氡是一种比空气更重的放射性惰性气体，无色、无味，容易沉积在屋内低处，在不通风或人类长时间停留的环境中，很容易被人吸到体内，从而危害人体。内照射对人体的危害程度最大，大量数据表明，建筑材料中天然放射性物质含量超标，将会导致室内放射性氡气超标。氡已被世界卫生组织列为 19 种致癌物质之一，致癌的风险仅次于吸烟。建筑材料中的放射性核素对人体造成的内外照射是公众环境电离辐射的主要组成部分，其影响是不容忽视的，所以应该引起重视。

# 烟雾报警器有放射性吗?

告诉大家一个有趣的事实，我们如今随处可见的烟雾报警器其实是第二次世界大战时期著名的曼哈顿计划的衍生物。它的原理是用一种人造的可以释放出稳定的 α 粒子流的放射性元素 $^{241}Am$ 来探测烟雾。根据烟雾使离子电流产生变化的原理，用 α 源制成的离子感烟警报器可探测到人眼看不到的微粒组成的烟雾，在阴燃生烟的阶段就发出报警信号并打开淋水喷头，把火扑灭在未成灾阶段，现已在宾馆、饭店、写字楼等高层建筑和家庭中得到广泛应用。

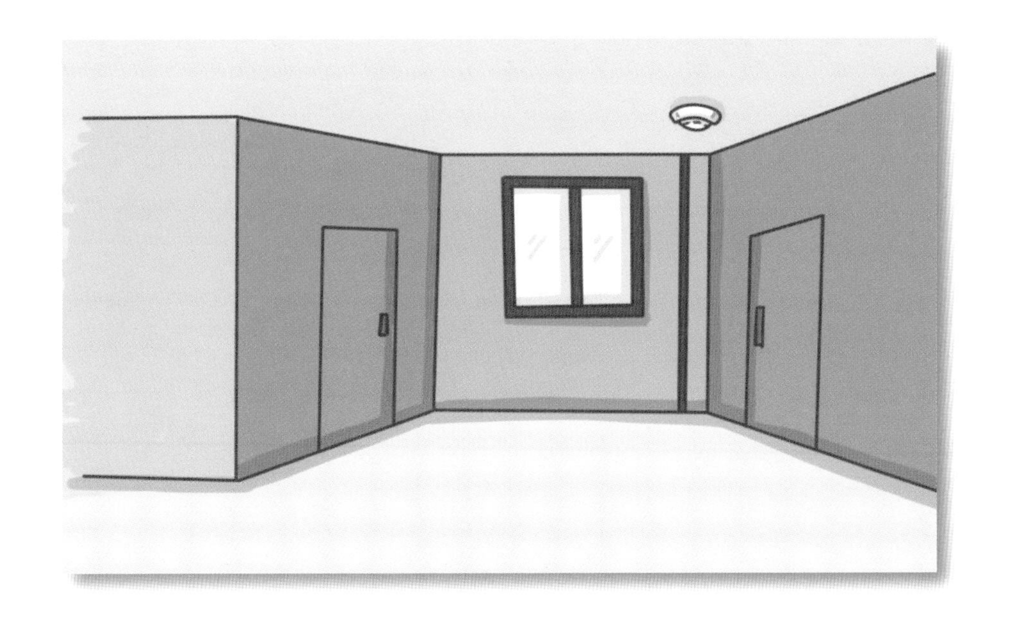

因此，常见的烟雾报警器确实会有少量的放射性物质，但是大可不必紧张，因为在外照射情况下，α 射线的穿透能力非常弱，甚至不能穿透人的皮肤，仅用一张薄薄的纸就能挡住，更不用说烟雾报警器的塑料外壳了，所以烟雾报警器虽然具有放射性，但并不会对我们的安全有任何影响。

# 避雷针有放射性吗?

天空中的巨大闪电总是让人心惊肉跳，现代城市高楼林立，必须有避雷针的保护才能安然无恙。闪电也就是电，电总喜欢走电阻最小的道路。避雷针由于上端尖锐，周围空气的电场强度大，容易尖端放电，形成电阻小的通路，云中的电荷经避雷针入地，建筑物就可避免受到雷击。但是普通的避雷针保护半径非常小，需要很多根才能保护比较大的建筑物。而放射性避雷针利用放射性物质使周围的空气大量电离的原理，使更远的云层上的电子也被吸引到这条电阻更小的通路上来，从而达到提高避雷针能效的目的。而且放射性避雷针产生的电离电流比普通避雷针高很多，能及早放电，使保护区内无闪电产生。因此，现在放射性避雷针已经被广泛地使用。

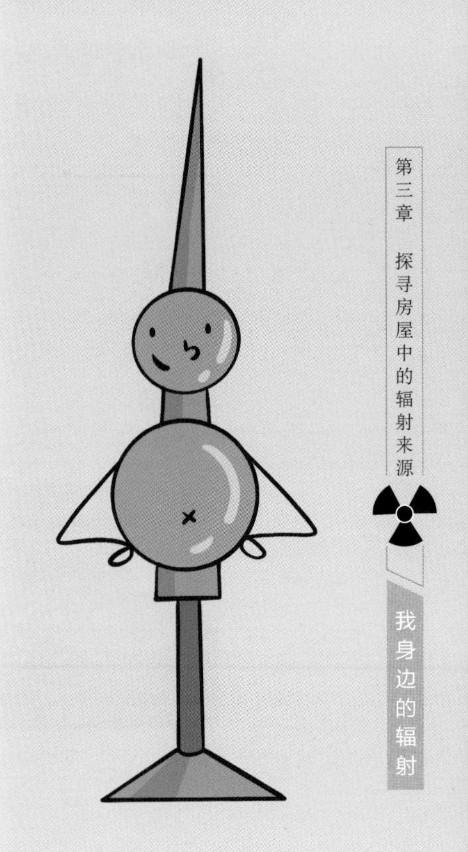

放射性避雷针的工作原理是利用了放射性同位素 $^{241}Am$。$^{241}Am$ 发出的 α 粒子具有很强的电离能力，能产生大量的正负离子。一个 α 粒子在空气中前进 1 cm 就能产生 4 万对离子，从而造成一条通电通路，有效引导云层中的电荷入地，避免因电荷大量集聚而引发雷击。而且，放射性避雷针上的放射源发射的射线作用距离很短，对建筑物下面的人没有丝毫危害，非常安全。

# 夜光指示牌有放射性吗?

有些夜光指示牌是利用射线激发发光物质而发光的，以前采用的是具有放射性的镭发出射线，现在已改为使用氚或钷，它们都是释放β射线的物质，能量较弱，穿透力低，容易防护，对人体很安全。

# 长明灯有放射性吗?



长明灯有放射性但不会对人体造成危害。长明灯又叫原子灯，它是利用放射性物质发出的射线，激发发光物质发光而做成的灯。灯体为耐辐射玻璃灯泡，内壁上涂上发光物质，抽真空后充入 β 放射性气体。在生产实践中，一般将 $^{85}Kr$ 选作辐射激发剂充入。氪是一种惰性气体元素，比较稳定，毒性较小，基本上是 β 射线放射体，伴生 γ 射线较少，稍加防护就不会对人体造成危害，用其制造的原子灯使用寿命很长，无需外界提供能量而自行发光，可以长期使用，安全性好。

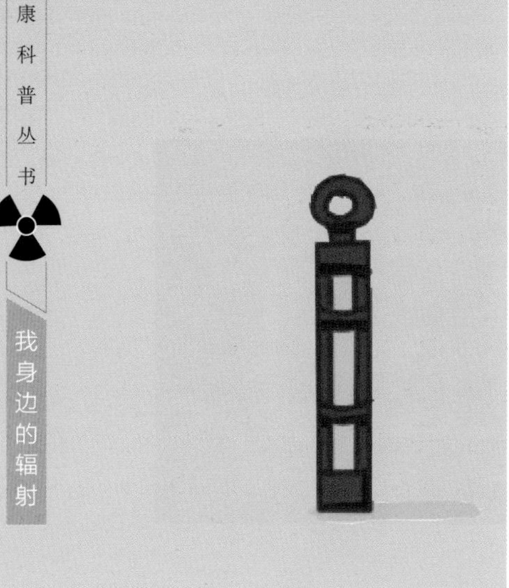

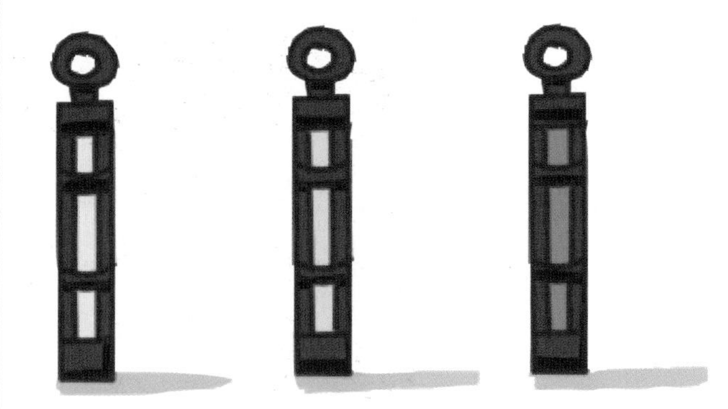

# 如何防护建筑材料中的放射性?

首先，在选择建筑材料方面，尽量选择符合 A 类要求的材料。简单明了地说，在选择天然石材时，尽量选择色彩协调的，石材表面光洁程度高的，几何尺寸标准以及纹理清楚的。正常情况下，红色的石材镭含量较高，绿色石材超标物含量最多。

其次，在建筑施工过程中，混凝土墙体应当密实整浇，不留孔洞。在墙身较厚时需加温度钢筋，以防混凝土收缩开裂。如果采用砖砌墙体，砖缝要密实。

最后，建筑工程的屏蔽材料应选择防护效果好、稳定耐磨、经济易清洁的材料。建筑和装修材料要关注的主要是氡引起的内照射，而要控制氡引起的放射性污染，主要要控制建材里面的铀和钍的含量不能超过国家标准的规定。

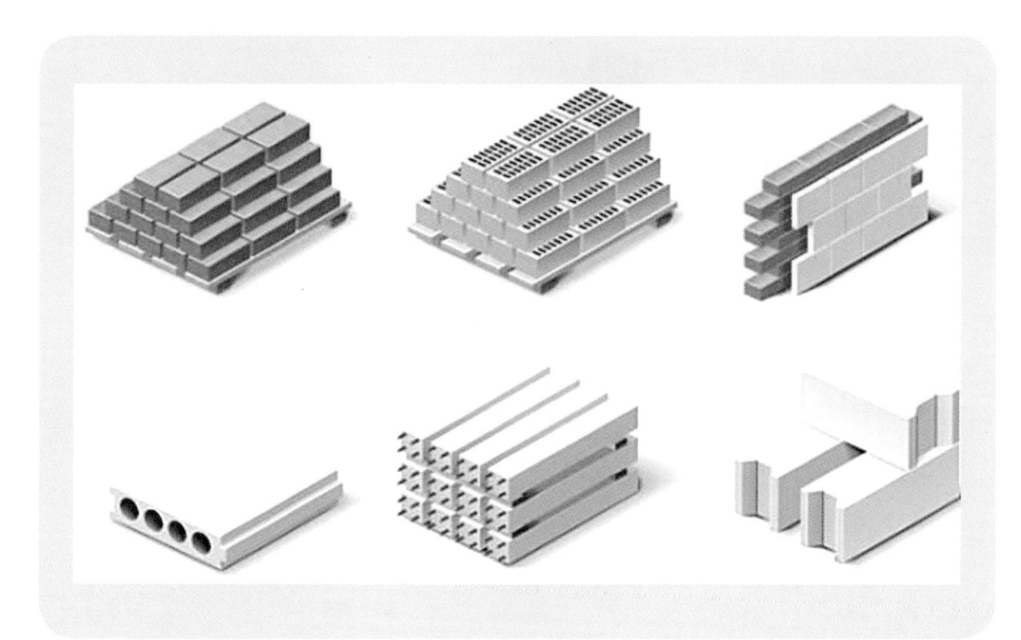

# 第四章
# 旅途中的辐射及太空辐射

# 经常过安检对身体有危害吗?

安检机又叫安检 X 光机，主要用于对行李的安检。X 光机就是根据对各种物质不同的穿透能力，从而识别行李中的物体。因为安检机是利用 X 射线进行工作的，所以有人担心行李通过这些 X 射线后，会受到污染。其实，这完全不必担心，因为安检机里的 X 光剂量很小，大概过 100 次安检，才能达到拍一次胸部 X 光片所接受的辐射剂量。



接下来再来说说安检门。安检门，又叫金属探测门，主要是探测乘客身上携带的金属物品。原理也很简单，就是利用电磁感应的原理。安检门两侧产生迅速变化的磁场，金属在迅速变化的磁场下会产生涡电流，而涡电流又会产生一个磁场，当安检门探测到这个新磁场时，就会自动发出鸣声或闪灯。安检门产生的只是电磁场，并不产生电离辐射。这种电磁场很微弱，与国家《通过式金属探测门通用技术规范》中的标准相差几十倍。所以，不论是安检机还是安检门，只要正确使用，都不会对我们的身体产生不良影响。

# 坐飞机受到的辐射影响大吗?

源自宇宙的电离辐射对我们的影响很小，这归功于地磁场把带电粒子导向了两极，另外稠密的大气层也吸收了不少辐射。因此，如果飞得很高，那么头顶的大气相应就变得稀薄，我们吸收到的宇宙射线自然就会变多。美国国家海洋大气局的数据显示，8 万英尺（约 24 384 米）高空的辐射是水平面的 300 多倍，但是普通客机的巡航高度大致在 2 万～5 万英尺（约 6 096～15 240 米），这个高度的宇宙辐射量也达不到水平面辐射量的 300 多倍的水平。因此，高空飞行确实会增加辐射接触量，但增加量远没有谣言所说的那么大，而且带来的癌症风险也非常低。

# 飞行人员是否受到较高的宇宙辐射?

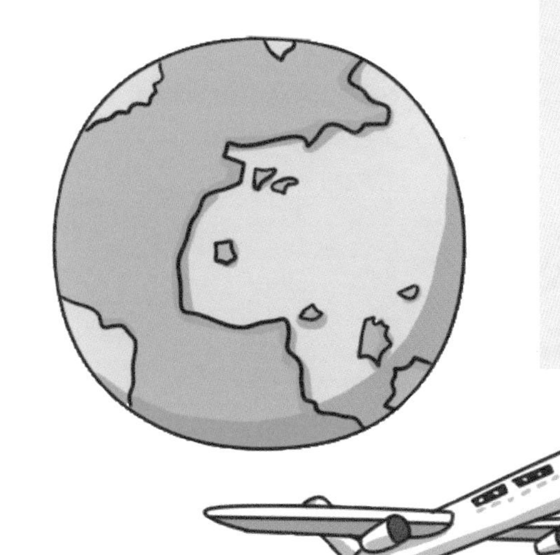

频繁飞行的人尤其是飞行人员，往往没有意识到宇宙辐射的危险。这些辐射是由恒星碰撞、超新星和其他宇宙现象引起的。当我们在地球上空飞行时，由于飞行时间、高度和纬度的动态变化，大气对宇宙辐射的阻力减少了，当你乘坐飞机在高海拔区域飞行时，就会有暴露在低水平的宇宙辐射中的风险。

有三个重要因素影响这种辐射的剂量或强度：

（1）飞行时间。

飞行时间越长，暴露在宇宙辐射中的强度就越高。例如：有报道称，从上海飞往拉萨，这个辐射量相当于做一次 X 光胸透时所受到的辐射量。

（2）高度。

海拔是宇宙辐射暴露量的第二个重要决定因素。海拔是对某地与海平面的高度差的测量。你飞得越高，宇宙辐射的剂量就会越高。这是因为我们飞得越高，空气就越稀薄，空气阻挡宇宙辐射的能力就降低了。有些报道把航线按飞行高度分成两种情况，一种是短途飞行，飞行高度在 5 ~ 9 km，也就是支线航线，年度照射剂量不超过 1 mSv；另一种就是干线航线，飞行高度在 10 ~ 12 km，驾驶员一般年飞行时间很少有超过 1 000 h 的，大多数在 500 ~ 1 000 h 之间，干线飞行人员应是监测的主要对象。

（3）纬度。

纬度是影响宇宙辐射剂量的另一个重要参数。纬度是地球上重力方向的铅垂线与赤道平面的夹角。从赤道向北或向南越远，接收到的辐射就越多。这种辐射剂量的差异是地球磁场造成的。地球磁场使宇宙辐射从赤道向南北两极偏转。因此，极地飞行人员也应作为检测的主要对象。

总结来讲，一个航空公司有许多条航线，这些航线的飞行高度、航线飞行经过的经纬度不同，飞行中受到的宇宙辐射剂量也不同，可以调整飞行航线来达到使飞行人员个人受照剂量均匀的目的。

# 飞行员受到的宇宙辐射大小与航线相关吗?

答案是肯定的，大气层中宇宙辐射的强度随飞行高度以及地球纬度发生变化，因为地球有磁场，地球磁场对宇宙辐射有屏蔽作用，在地磁赤道附近屏蔽作用最大，在地磁极点屏蔽作用最小。地磁两极和地理南北极虽然不重合，但地磁随地理纬度的变化较大，因此，在估算结果中，航线所经过的纬度对宇宙辐射剂量影响较为明显，所以飞行员所受到的宇宙辐射大小与航线所经过的纬度具有一定的相关性。既然宇宙辐射的强度与飞行高度、航线经过的纬度有关，那么，对飞行人员就可以通过合理调配不同航线，使飞行人员受到的宇宙辐射尽可能地达到所有飞行人员的平均值，避免个别飞行人员受到太多的宇宙辐射。

# 坐高铁会有辐射吗?

我国高速列车一般通过电力牵引或磁悬浮，运行过程中会产生一定的电磁辐射，但仍然在人体能够接受的范围之内。对于磁悬浮列车，它在运行时产生少量的电磁场，会使环境中的电磁场有所升高，但不会超过国家环境保护总局推荐的评价标准，因此，对环境是安全的。虽然有一些调查显示：广州东动车运用所、上海南动车运用所和北京动车段的工人，普遍反映出现五大健康问题，其中之一为内分泌失调，部分女性员工出现了月经不调的现象。但是经过国内外科研人员调查，其内分泌失调与高铁产生的辐射无关，不排除受到环境的影响，包括由于高强度工作压力引起的内分泌改变。

# 太空中的辐射种类有哪些?

(1) 银河宇宙射线(galactic cosmic rays)：亦称为宇宙射线，是指来自太阳系以外的银河系的高能粒子，极大部分是质子，还有 α 粒子。

(2) 太阳宇宙射线 (solar cosmic rays)：是太阳活动（主要是耀斑活动）产生的高能粒子流。太阳宇宙射线的主要成分是质子和电子，其次是 α 粒子，此

外还包括重离子。近年来的观测已证实，有的耀斑也辐射中子。

(3) 太阳风：这种物质虽然与地球上的空气不同，不是由气体的分子组成，而是由更简单的质子和电子等组成，但它们流动时所产生的效应与空气流动十分相似，所以称它为太阳风。

(4) 日冕：日冕中主要是质子、高度电离的离子和高速的自由电子。日冕温度是太阳表面温度（约6 000 ℃）的数百倍。

## 宇航员是否会受到辐射损伤?

1958年，埃因雷感叹道："我的老天，宇宙中充满放射性！"之后在美国作家詹姆斯·米切纳的科幻小说《宇宙》中，在月球上有两个航天员受到来自太阳风暴的辐射致死。在此基础上，我们不由得会怀疑宇航员在太空中是否安全，是否会受到辐射损伤。

宇航员在太空中固然会受到辐射，但是受到的辐射剂量

也在太空辐射环境最佳的剂量允许范围之内，且不进行长时间的太空旅行是没有问题的。根据自然科研旗下《科学报告》近日发表的一项研究，空间辐射的历史剂量与癌症或心血管疾病所致死亡风险升高并无关联。所以在规定允许范围之内的太空行动对宇航员是没有危害的。但是长时间的太空旅行对宇航员是有危害的，据《光谱》杂志报道，12周到24周的太空旅行会导致长期大脑损伤，并且这些影响会持续一年。目前如何解决长时间的太空旅行造成的健康问题仍是一个尚待攻破的难题。

# 宇航员如何通过放射性同位素取暖?

在宇宙中的太空飞船和我们在地球上一样，也会经历白天和黑夜，不同的是在太空中昼夜温差极大。就拿月球为例，白天温度高达100多摄氏度，夜晚又会降到 −150 ℃，昼夜高温和严寒交替，条件非常恶劣。为了应对低温，防止仪器设备被冻坏，2013年我国的“嫦娥三号”月球探测器携带2枚同位素热源登上月球。前面提到的放射性热源严格来说叫

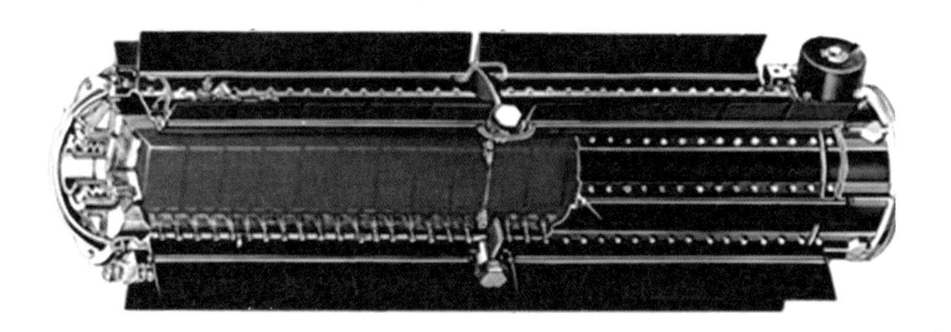

放射性同位素热电机（radioisotope thermoelectric generator，缩写为RTG），是利用放射性衰变的热量进行温差发电，通常使用的同位素就是 $^{238}Pu$。钚本身剧毒，电池一旦损坏，后果不堪设想。所以核能发电机所用的燃料——二氧化钚被封装在特制的球形防火陶瓷中，这种陶瓷有抗分解能力，不易与其他物质发生化学反应，而且外面的密封箱完全能经受住坠地撞击或空中爆炸的冲击。总体来看，这种电池通常呈柱状结构，中央是放射性元素热源，中间是温差发电的电极，最外层则是散热片。这样的设计可以确保安全。

卡西尼－惠更斯上的 RTG

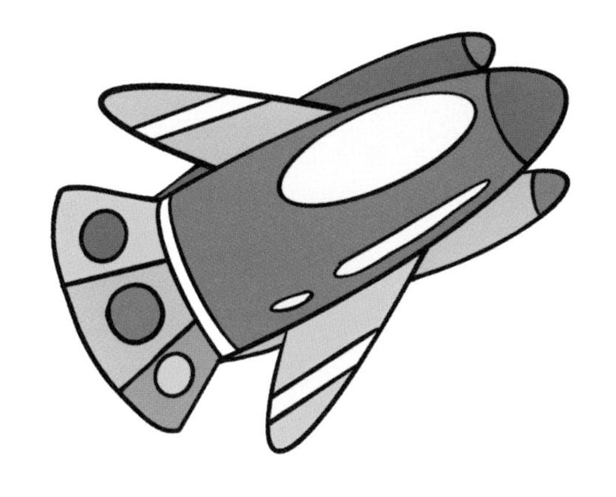

## 航天飞船能否使用核动力？

以前的宇宙飞船都用液氢液氧这种低温推进剂，但在空间飞行中会不断泄漏。现在的飞船以及其他在轨航天器使用的燃料一般是肼类等常温燃料。随着科学技术的进步，航天飞船是可以使用核燃料的，在制成核动力燃料时，放射性燃料会被装入多个陶瓷盘内。每个盘都会被金属铱包裹，再使用石墨来密封。然后所有的燃料块会被打包进一个保护壳内，以抵御大气层再入时的高温和冲击。把放射性衰变释放的热量转化成电能的装置叫作放射性同位素热电发生器。它通常会装有一个由 $^{238}$Pu 构成的核心，四周则为金属合金所包裹，称为热电偶。热电偶的一端与毗邻的高温钚连接，另一端则连接一个暴露在太空中的散热片。热电偶两端会产生温度差，而这一温度差会产生电流。

# 如何在日常旅行中尽量避免遭受放射性损伤?



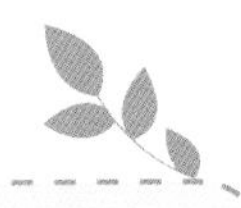

一般来讲，偶尔的外出旅行，不管是乘坐飞机、高铁等交通工具，还是经过安检设备、安检门等通道，均不会对人体产生明显的辐射损伤效应。对于经常需要长途飞行的人们来说，应详细地了解旅行中可能接触到的辐射场所和种类，并选择合适的交通工具，做到尽量合理地避免长途高纬度的飞行。此外，注意饮食并调节机体的免疫力有助于避免旅行中可能引起的辐射损伤。过量的辐射照射会对身体产生某些未知的影响，增加罹患疾病的风险。所以，任何的辐射防护都应基于辐射实践正当化、防护的最优化及个人剂量当量限值三个原则。个人所受到的剂量大小应保持在可达到的尽可能低的水平。

# 第五章
# 资源勘探和加工中的辐射应用

矿产资源是国民经济的物质基础，地矿业是工业产业链的初端，是基础产业。在此基础上，原材料的加工极大地丰富了我们的物质世界。辐射在资源勘探和加工中大显神威，提供了便利并不断丰富着我们的生活。

# 如何利用放射线找到矿物资源?

从古至今，探矿找宝都吸引着世人无数热烈的目光。1848年，美国迎来了淘金热，这些来自世界各地的淘金者聚集在美国西部，他们的足迹遍及美国的各个山川，祈盼找到金矿，一夜暴富。我们是否可以使用放射线来帮助我们探矿找宝呢？答案是肯定的。在地质勘探工作中，射线找矿常用的一种方法是先从地面向地下打井，然后沿着井壁放下一个放射源，放射源的射线作用于钻井壁的岩石，激发出辐射进行测量，可以探查出岩层中含有哪种矿物、

资源勘探

矿体的位置、矿物含量多少，科研人员在地面就可以进行记录，观察探测的结果。不仅如此，20 世纪 60 年代以后，我国还开始利用航空放射性测量技术探测放射性矿物，即在飞机上装备 γ 辐射仪，通过测量地面的天然放射性强度，来寻找铀、钍等矿物。

# 核技术如何应用于煤矿勘探?



煤炭被人们誉为“黑色的金子”“工业的食粮”，随着社会经济的快速发展，矿产资源需求量越来越大。在煤矿勘探中，核技术中的瞬发中子活化分析技术也发挥了一定作用，这种分析方法是利用中子作为激发源照射样品，样品元素的原子和中子碰撞后，中子被原子捕获后会形成一种新的原子，这种原子很不稳定，会激发出特殊的γ射线，对这些特殊的γ射线进行测定，就可以确定待测元素的种类与数量。瞬发中子活化分析装置，可以被用来对煤炭、天然气等资源进行勘探。

# 如何利用放射线寻找地下水资源?

大家都知道淡水资源在地球上是稀缺的资源，而地下水是水资源的重要组成部分，一般来讲地下水水量稳定且水质较好，但地下水就像地下埋藏的黄金一样，并不是随处都有。所以在野外，特别是沙漠、戈壁等干旱地区，准确地找到地下水资源，在以前并不是一件容易的事。自从有了核技术，人们寻找地下水资源就有了好帮手。由于地下水会溶解岩石中的一些天然放射性物质（如铀或镭），水流的运动使这些放射性物质的分布变得不均匀，在有地下水存在的裂隙部位，这些放射性元素会相对集中，γ 射线更容易探测到。人们利用 γ 射线来探测这些物质，就会发现有地下水的区域。利用核技术找水，不仅可以探测出含地下水的区域的地形构造，提高找到地下水的可能性，还能够判断出水量的多少。

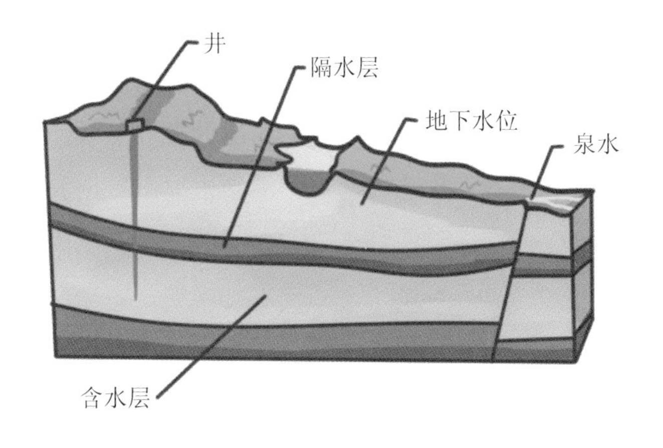

# 如何利用放射线寻找石油资源?

人们通常所说的能源危机，实际上就是指石油能源危机，具体来说就是燃料油品危机。燃料油品对多数人来讲是不可缺少的。因此，石油的安全供应不仅关系到人们的正常生活，也关系到一个国家的经济发展和社会稳定。但石油埋藏在地下，分布不均，油水混杂，因此利用核技术探明地下油水分布情况，对提高采油率有着十分重要的意义。找油田主要使用的是放射示踪法，使用一些放射性元素作为标记，打一些监测井进行监测，就可以知道地下油水的分布情况。为了更好地挖掘油田潜力，我国科研人员还研制了用 $^{131}$Ba 放射性示踪微球找油的办法。这种放射性微球会随水流进入不同渗透性的地层表面，水流到哪里，微球便会流到哪里发出辐射信号。这样人们就可以了解注水层在地层的分布、流向和作用，为油田合理开发和利用提供数据。

石油

# 如何利用辐射改变宝石的颜色?

宝石

自然界中色彩、质地、光泽皆好的宝石数量不多，采用辐射方法进行着色处理，可改善宝石的颜色，提高售价。托帕石（黄玉）的辐射改色始于巴西，使用放射性粒子照射，可将无色或淡黄色的托帕石变为蓝色或紫红色。辐照处理的宝石，必须对其残余的放射性进行监测，合格一批出厂一批，不合格的继续存放冷却以降低其放射性。辐照处理的托帕石在存放冷却 20 个月后，绝大多数的残余放射性都低于国家规定的标准，对人体是安全的。

# 放射线如何将污泥变废为宝?

下水道、河床和废水处理厂的曝气池普遍会出现各种污泥，家禽家畜养殖场也会产生不少污泥，污泥不仅污染了环境，也影响着人们的身体健康。污泥中含有各种有害有毒物质，还有大量细菌和病毒，诸如可引起呕吐、腹泻的沙门氏菌、大肠杆菌等。用特殊装置产生的射线去照射污泥，可以杀死污泥中的细菌和病毒，阻止污泥中的杂草种子发芽，增加脱水速度。而且这种处理方式可以在常温下进行，不需要燃料。处理过的污泥可以作为肥料，也可以作为家畜的辅助饲料，还可以用来喂鱼虾或作为建筑材料铺路。

## 放射线如何使废气变干净?

全世界每年排入大气的有害气体多达几亿吨，为地球带来了各种环境污染问题。我国目前火力发电占主导地位，大部分靠烧煤，诸如发电厂、冶炼厂等烧煤大户释放了大量有害气体到空气中，可造成严重的酸雨和空气污染。用放射线治理烟道废气，是利用废气中的成分受到特殊放射线照射后会产生大量活性物质的特点。这些活性物质可与有害气体作用，使之形成雾状的酸，在反应器中进一步反应可形成固态的盐类物质，而这些固态盐类还是农家的好肥料。日本还在研究用这种技术去除焚烧炉排烟中的二噁英，也取得了不错的效果。

# 如何利用放射线寻找雾霾的来源?

近年来，大气污染和雾霾治理问题已经成为国家和老百姓最关心的问题之一。雾霾治理首先要从源头抓起，燃煤、秸秆燃烧、汽车尾气、工厂废气，究竟哪个才是雾霾之源？只有找到了源头，后续治理才能有的放矢。为此，我国核科学家们已经提出了利用核技术寻找PM 2.5源头的研究思路。简单来讲，就是通过测定雾霾中不同放射性原子的含量来判断其来源占比。例如，通过对颗粒中一种具有放射性的碳原子的测定，可以判定雾霾中有多少成分来源于秸秆燃烧；通过测定另一种放射性碳原子的含量，可以判断有多少成分由烧煤形成，有多少由烧石油形成；等等。

# 如何利用放射线处理废水，使其可以再利用？

人们日常的生产、生活会产生许多废水，这些废水中往往含有许多化学性质不稳定的有害物质，而且还有许多细菌和病毒。利用射线的辐射作用，不仅可以处理造纸、印染等污染较为严重的工业废水和城市污水，降低水中的耗氧物质含量，使污水中的洗涤剂、农药等有机物质被辐射降解，把污水中的细菌、病毒杀死，还能够消除污水的臭味。在当前许多国家面临严重缺水的情况下，废水处理后再利用，用来浇花、浇地，显然是值得提倡的好办法。辐射也可以用来处理饮用水，与常规的氯气、臭氧或紫外线消毒法相比，有方便、简单、效果好、花费少的优点。

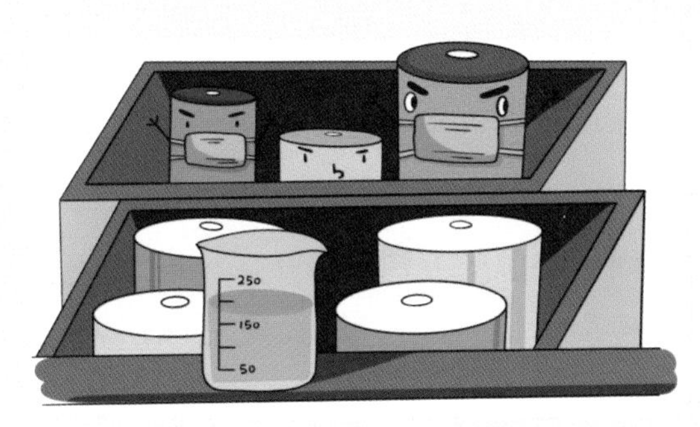

## 10

# 如何利用同位素示踪法复活趵突泉？

千佛山、大明湖、趵突泉是山东济南的三大名胜，其中趵突泉以其自然喷涌的奇景驰名中外，成为济南的标志。但在20世纪80年代末期，趵突泉曾消失过一段时间。为了让趵突泉奇景复活，我国科学家采用同位素示踪法，用可标记易检测的放射性原子进行追踪，弄清了趵突泉地下水的状态、补给水的来源和流动运行规律。然后通过引流、回灌补源的方法，将水引回趵突泉，使趵突泉重现往日风采。在这项大规模的示踪实验中，示踪剂的移动距离达到前所未有的长度和深度，其研究成果在当时震惊中外。

## 如何利用放射线侦查航道?

泥沙在江河入海口淤积，会堵塞航道，导致大型船舶无法进出，港口贸易受到严重影响，我国每年都要花费数千万元用于长江口泥沙的疏浚。为了了解泥沙的运行规律，科学家们在长江上游投放含特殊放射性原子的石英砂，然后对其进行跟踪观察，为长江口深水航道的治理与深水航道的建设提供了重要的技术数据。

# 核技术如何应用于海水淡化?

淡水在地球上的储量很少，可供人类直接利用的地表水极其有限，不足地球上水储量的0.26%。缺水问题威胁着世界上三分之二的人口，我国许多城市也严重缺水。

海水是无穷无尽的水资源，海水淡化是解决缺水问题的重要方法。目前商用的海水淡化技术是蒸馏和膜技术，这两种技术都需要消耗大量的能量。核能海水淡化始于20世纪70年代初，国际原子能机构成立了国际核能海水淡化顾问组，推动核能海水淡化的研究开发。目前一座200万千瓦的核供热堆与特定淡化工艺相配合进行海水淡化，可以日产淡水达16万吨，可以很大程度上解决缺水问题。

# 第六章
# 辐射技术用于考古解谜

# 如何利用放射线辨别古董的真伪?

用核技术可以进行古董鉴定。在陶瓷鉴定方面，由于不同产地、窑口的古陶瓷器件成分必然不同，而这些成分因为色散程度不同可在X荧光光谱上有不同的显示，故可使用能量色散X荧光光谱仪对陶瓷器的胎、彩、釉分别取点检查，将分析出的微量元素结果与数据库中各个年代的古陶瓷成分数据进行对比，从而找出吻合的时间段和生产地区，确定一件瓷器的“真面目”。

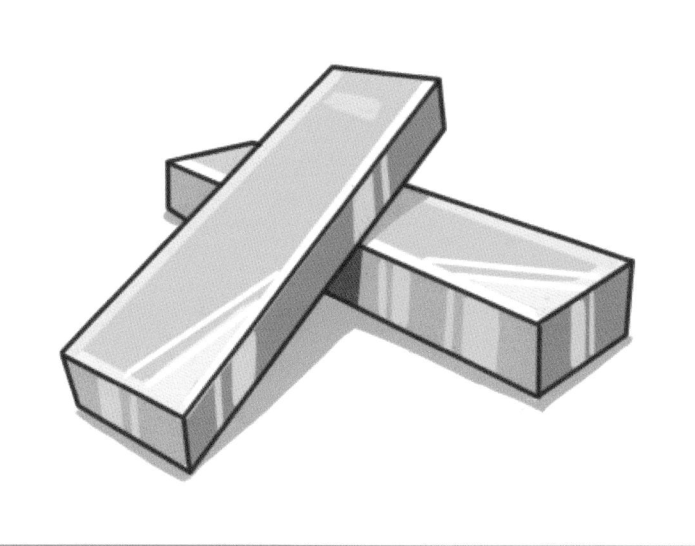

在贵金属检测方面，人们同样利用 X 荧光光谱的原理制成了黄金成色仪。它能准确检测出黄金、铂金、钯金、K 金、K 白金制品中的各种元素含量，操作简单且可靠性高。

# 放射性核素如何用于测定北京猿人的年代?



1927 年，北京周口店发现了猿人遗址，成为世界人类学研究史上的一个重大事件，但这个遗址的年代一直没有定论，只是推断是数十万年前。

1978 年，中国科研人员利用 $^{238}U$ 裂变径迹法测量了猿人洞穴内生火留下的灰烬层中的榍石。这种方法可通过对铀原子的裂变程度的测定确定矿物的年龄，其测定的范围在 5 万～100 万年。该测定表明北京猿人生存年代为 46.2 万年前，加减 4.5 万年，这一结论得到了世界公认。

# 如何用 $^{14}C$ 测年法推测出古生物的年龄？

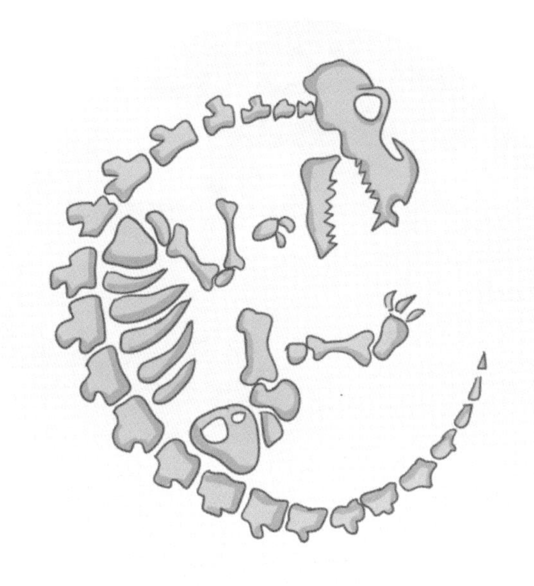

$^{14}C$ 测年法出现于20世纪40年代，为考古鉴定做出了重大贡献。宇宙射线与空气中的碳元素作用，会产生放射性物质 $^{14}C$。含有 $^{14}C$ 的二氧化碳被植物吸收，经过食物链进入动物和人体内，并以一定速率产生和衰变着。所有活着的生物体内，$^{14}C$ 与非放射性碳的比例同大气中的比例是相同的，但当生物体死亡后，$^{14}C$ 就会减少且得不到补充。因此，通过测定 $^{14}C$ 的含量，明确半衰期（放射性核素 $^{14}C$ 的半衰期为 $5\ 730 \pm 40$ 年），就可以推测出古生物的年龄。

除了测定年限，$^{14}C$ 在检查身体中也有应用。如今去医院体检，很多人都参加过“呼气试验”项目，检测受检者是否存在幽门螺杆菌感染。幽门螺杆菌寄生于人体胃部，易造成胃炎、胃溃疡，传统诊断方法是借助胃镜进行观察和取样，会给患者造成创伤和痛苦，利用 $^{14}C$ 进行检查就简单了，受试者服用含有 $^{14}C$ 的胶囊，幽门螺杆菌和胶囊中的成分反应放出 $^{14}C$ 标记的二氧化碳，之后在呼出的气体中检测 $^{14}C$ 就可以了。

# 放射性核素如何用于对耶稣裹尸布的真伪判定?

意大利都灵大教堂曾供奉着一件“神圣之物”，每隔 50 年才展示一次，这就是所谓的耶稣裹尸布。根据记载，耶稣死而复生后，墓穴里只留下了这块裹尸布，这块裹尸布也由此受到世界各地信徒们的顶礼膜拜。1988 年，国外实验室用 $^{14}C$ 测年法对裹尸布进行鉴别，证明它是公元1200年之后制成的赝品。直至今日，这块裹尸布的真伪依然众说纷纭。

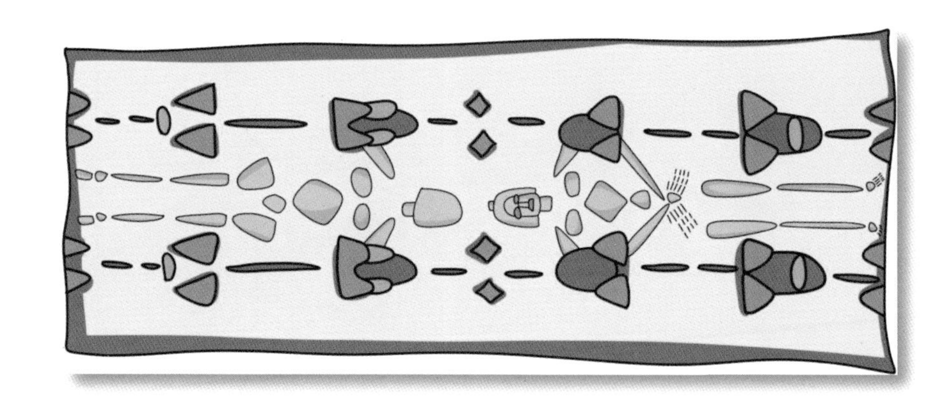

# 微堆中子活化分析技术如何用于解开光绪皇帝死因之谜?



光绪皇帝的死因曾经是中国近代史上的一桩谜案，2003 年，中国科研人员利用微堆中子活化分析技术对光绪皇帝的头发、遗骨、衣服及墓内外环境样品等进行了分析。样品经特殊粒子——中子轰击后产生放射性物质，通过测定其产生的射线能量和强度，进行物质中元素的定性和定量分析，最终于 2008 年确证光绪皇帝死于急性砷（砒霜）中毒，可推定他是被他人毒杀，这为揭示光绪死因之谜提供了关键证据。

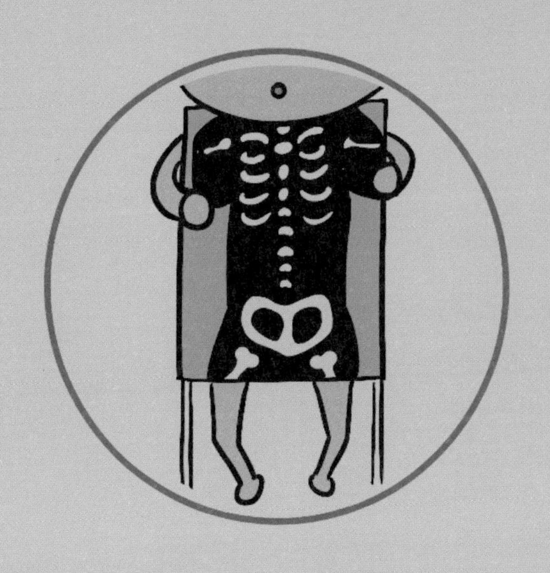

# 第七章 捍卫人类健康的辐射技术

伦琴发现了 X 射线，留下的那张人体手骨的照片流传至今。当今社会，我们去医院检查身体，离不开放射线和放射性核素。X 线、CT 已成为发现疾病最重要的工具。放射治疗成为肿瘤患者常用的治疗手段，质子重离子治疗成为 21 世纪最具潜力的治疗方法。让我们一起来了解神奇的辐射技术是如何捍卫人类健康的吧！

# 医院里有哪些有放射性的检查?

医院内应用的放射性检查主要有影像科的 X 线检查（一般包括平片检查和特殊摄影）、X 线计算机断层扫描（CT）以及核医学检查，常用的核医学检查包括正电子发射断层显像（PET）、单光子发射计算机断层成像（SPECT）等。这些检查不仅能无创地显示人体内不同器官组织的形态结构，而且可以分析出人体组织的各种代谢变化，对器官组织的功能作出判断。

正电子发射断层显像（PET）技术是采用发射正电子的物质，如 $^{11}C$、$^{13}N$、$^{15}O$、$^{18}F$（常用），与人体内的负电子发生反应，通过探测反应得到的放射性产物得到人体内同位素分布的信息，从而获得精度非常高的三维立体图像，可以用于发现早期病变，对人体进行生理、生化、病理及解剖学方面的研究和诊断。单光子发射计算机断层成像（SPECT）采用 $^{99m}Tc$、$^{67}Ga$、$^{123}I$、$^{133}Xe$、$^{111}In$、$^{201}Tl$ 等衰变周期较短、发射单一射线的物质，可以用于了解人体新陈代谢活动、血液活动、肝功能状态和癌变信息等。

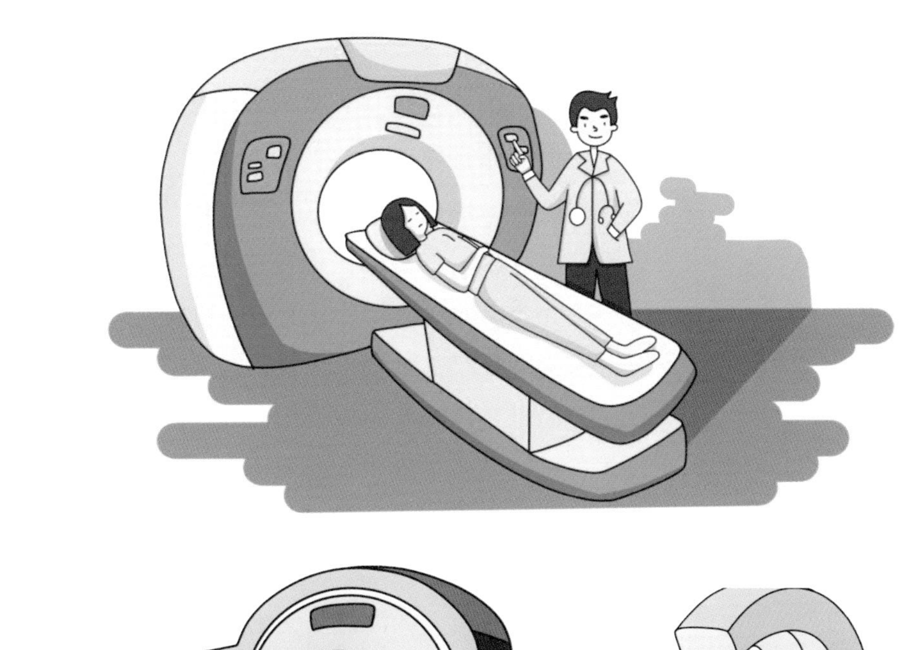

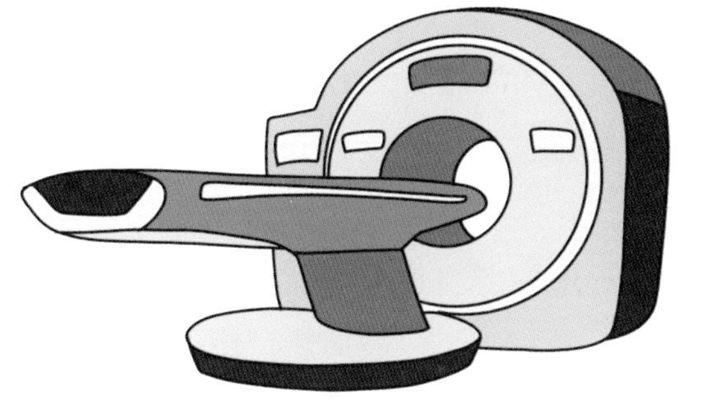

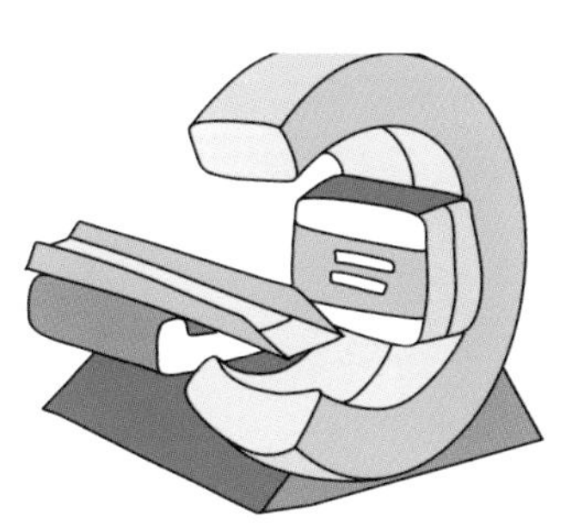





$^{99m}$Tc 药物是目前核医学临床诊断中应用最广泛的放射性物质，它的衰变周期短，安全可靠，人们利用其放射性将 $^{99m}$Tc 制成不同的标记物质，从而将 $^{99m}$Tc 带到不同的脏器组织，利用特定仪器在体外对标记物质加以测量，根据显像图上显示的器官大小、位置、形态及放射性分布情况，便可诊断出人体组织如大脑、心肌、肾、骨骼、肺、淋巴、甲状腺等的疾病。

## 磁共振检查具有放射性吗?



磁共振检查的原理是带有正电荷的磁性原子核自旋产生的磁场与人体内的氢离子在磁场中发生共振，而且氢离子共振的幅度和方向受外加磁场的控制，形成图像。一般来讲，磁共振检查是没有电离辐射伤害的。但是检查时存在磁场，有一定的非电离辐射，类似于手机和计算机的辐射，对人体不会产生显著的辐射损伤。

但是在做磁共振检查时需要注意以下事宜：

（1）磁共振设备周围具有强大磁场，检查者以及陪护者需要摘除铁磁物品及电子产品，如金属钥匙、手表、假牙、硬币、金属纽扣、拉链等，心脏起搏器植入者需谨慎使用磁共振检查。

（2）某些化妆品也可能含有金属，因此建议检查者素颜。

（3）纹身中的颜料也有可能在磁共振检查时被加热，使局部皮肤受到刺激。

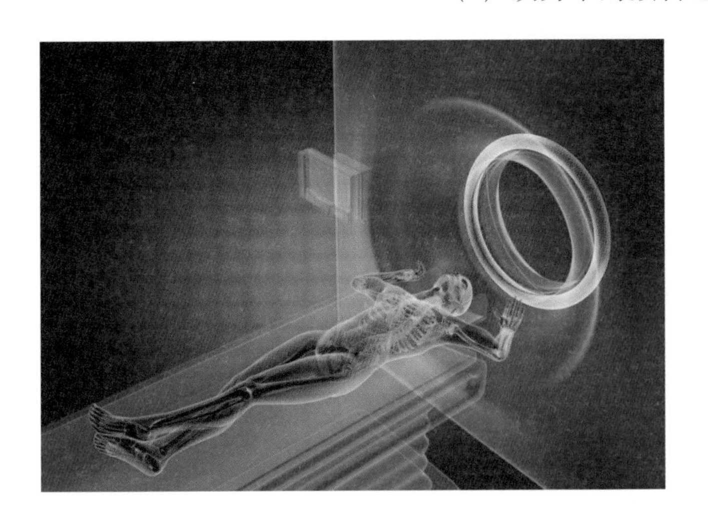

总之，在磁共振检查时需要严格按照医嘱执行。

# 做了 CT 后发现怀孕了怎么办呢？

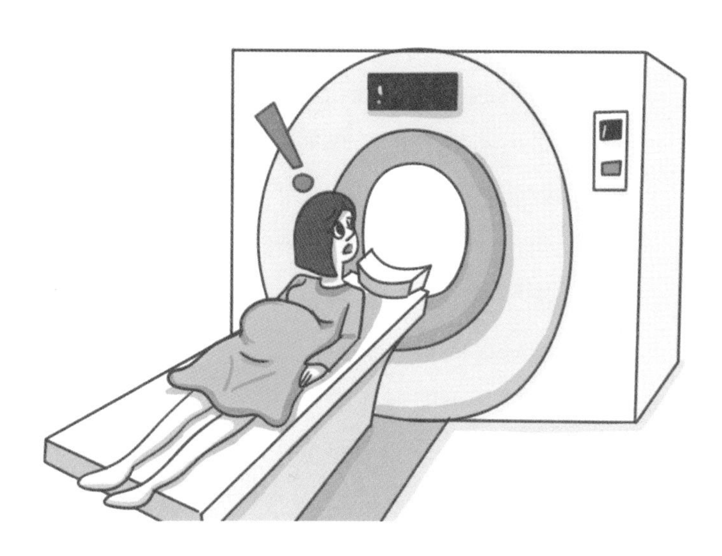

很多人都说 CT 检查对人体有一定的辐射，女性做完 CT 检查后，如果发现自己怀孕，这个时候很多女性不知道该如何处理。虽然胎儿对辐射敏感，其生长发育受辐射的影响比较大，但是做 CT 检查的部位、胎儿发育的时期等因素都会影响结果，目前孕妇做 CT 检查会发生胎儿畸形的观点还没有得到证实，因为尽管 CT 有辐射，但是辐射的影响相对来讲不大，所以准妈妈也不要过于紧张，只需要重视对孕期中身体状况的观察，还有加强后期的孕检工作就可以了。

# 儿童能做放射性检查吗?

放射性检查是不是真的如家长们想的那么可怕呢?儿科放射不同于成人,医生要考虑的不仅是看清病情,更要考虑到儿童今后的长远发展。儿童进行放射性检查应该在合理范围内尽可能地采取低辐射量检查。辐射防护三原则包括:辐射实践正当化、辐射防护最优化、个人剂量控制。它并不是说剂量要越低越好,而是要综合衡量检查的必要性与可能造成的伤害风险,根据个体给出最优化的检查方案。比如,在儿童接受脑部 CT 检查时,医护人员会考虑保护儿童的腹盆腔、甲状腺等部位;在 CT 剂量的选择上,会根据儿童的体重、年龄等,综合具体疾病情况,制定出个性化放射方案。

## 儿童放射科的哪些检查项目有辐射?

儿童放射科一般有四大类检查：X线、X线计算机断层（CT）、数字减影血管造影（DSA）、核磁共振成像（MRI）。其中X线（透视、摄片、特殊造影包含上消化道造影等）、CT及DSA检查是有辐射的，MRI检查是没有辐射的，辐射量的大小DSA＞CT＞X线。另外，我们常见的超声检查也是没有辐射的。虽然儿童在医学检查中可能受到辐射伤害，但是需要提醒家长的是，不能因为惧怕辐射而影响治疗，耽误病情。许多放射性检查剂量不大，对孩子的危害较小。

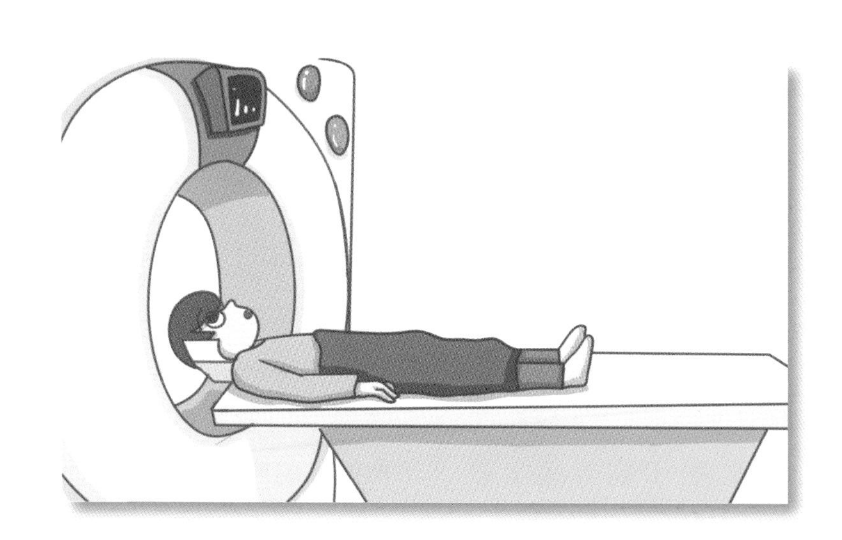

# 我国儿科放射学的发展现状如何?



20世纪六七十年代，国际儿科放射学迎来了迅猛发展，新技术、新设备层出不穷，儿科疾病影像诊断水平大幅度提高。但我国儿科放射学的发展仍处于一个相对停滞的局面，儿科疾病检查手段还是以X线平片及透视为主。20世纪80年代后，随着改革开放后国际交流的不断深入，CT、磁共振、心血管造影等设备的引进和相关技术的掌握，我国儿科放射学进入了一个快速发展的时代。目前，CT和磁共振检查已经普遍用于儿童复杂性先天性心脏病诊断，能使孩子在不受痛苦的情况下进一步明确诊断。X线、CT、磁共振、B超等医学影像设备已全面介入儿童疾病的早期发现、诊断、治疗、康复等环节，支撑起各个学科的发展和临床诊断治疗。

医学影像检查设备的升级，支撑着临床诊断技术的飞跃发展。医学影像设备的进步，让医生对疾病的认识更为深入，原本通过胸片看不见的疾病，如今通过CT看得十分清楚；原本通过CT能看清的疾病，现在结合核磁共振等，还能进一步看到疾病的分期、功能改变等。医学界对放射检查的要求也越来越高，从原来的仅需明确生理解剖逐步转向到需完善功能性的判断。

# X线检查和CT检查哪个辐射更大?

答案是CT。X线检查的时候得到的是一张影像，而CT则是得到了很多张由计算机分析得到的断层影像，所以显然CT检查的辐射量要更大一些。从数据上看，X线检查的辐射量在0.02～0.1 mSv，跟坐一次飞机差不多，十分安全。而做一次CT检查的辐射量是做X线检查的几百倍，医生也不建议多做。但是不必担心，CT检查也是安全的，一年做一两次并不会对正常人体造成很大伤害。

# 放射性检查中如何做到自我防护?

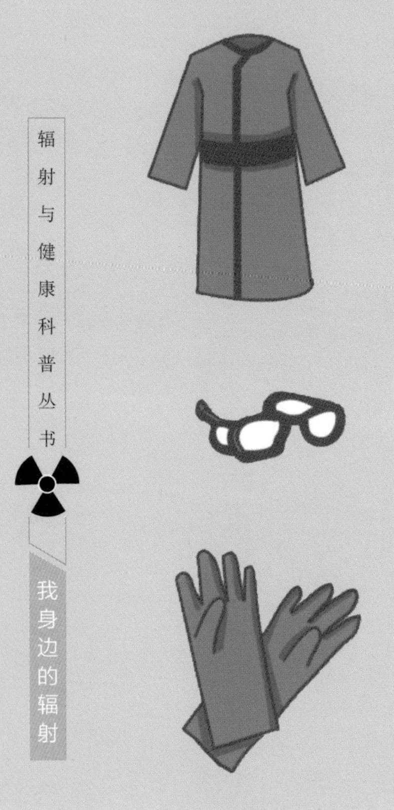



近年来，随着医疗科技的发展，越来越多的放射诊疗技术和设备被应用到临床诊疗活动中。因此，懂得正确合理地选择放射学检查方法和自我防护就显得十分必要。接受放射学诊断时，应尽量避免使用普通荧光透视和数字影像检查方法；哺乳期妇女、孕妇、育龄男女应尽量避免X光检查，尤其是会引起其腹部、骨盆或性腺受到照射的检查；另外儿童也应慎重进行放射性检查，在照X光片时，必须对性腺器官进行防护遮挡。进行放射检查时，应在放射检查室外候诊，进入放射检查室前，先观察检查室入口处门上方的指示灯是否亮着，如果亮着表示有病人正在接受检查，不要进入，以免受到误照，待灯熄灭时，方可进入；接受照射前，应向放射科医务人员索取个人防护用品，学习佩戴方法，正确佩戴后方可接受放射性检查。个人防护用品一般包括铅帽、铅围脖、铅裙等，主要为辐射敏感器官（如性腺、眼晶体、乳腺和甲状腺）提供射线屏蔽；受检者的陪同人员最好在检查室外候诊，如必须陪同检查，也要做好个人防护。

此外，依据相关要求，放射诊疗单位有义务事先告知就医者接受放射性诊疗对健康的影响，并为其提供必要的个人防护用品，就医市民应增强自我防护意识，一旦发现放射诊疗单位违反相关规定，没有做好受检者个人防护指导，可以向市卫生监督部门投诉，依法维护自己的健康权益。

# 放射免疫分析检查是什么?

放射免疫分析是一种放射性同位素示踪技术。人体内的激素等物质种类繁多，含量又很少，不可能用常规的测量方法去测量它的分布或者含量。因此放射性同位素示踪技术应运而生，把这些物质标记上放射性物质，就方便追踪它们了，只需要追踪它们发出来的微量放射线就可以了。放射免疫分析就是以放射性核素标记的激素等作为示踪剂，利用它和抗体结合的反应，在体外完成微量生物活性物质检测。这种方法不但可以检测激素，还可以用于其他极其微量的物质的检测，比如血液中的酶、维生素、药物、病毒、肿瘤抗原等。



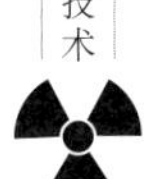

# 中子活化分析技术如何在医学领域大展身手?

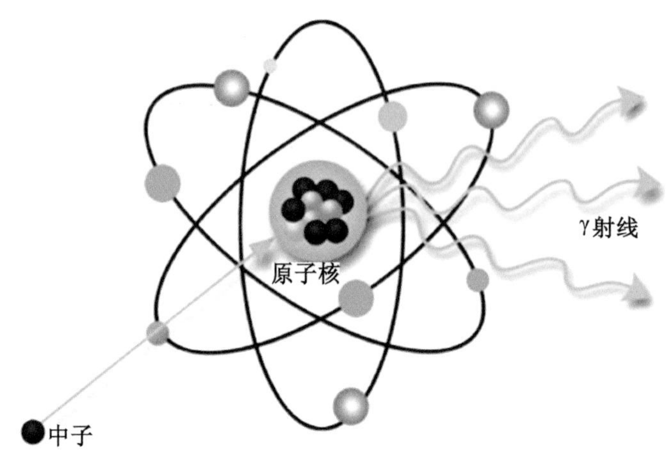

中子活化分析的原理



我们最常见到的物质都是性质很稳定、没有放射性的，这些物质构成了我们身边的万事万物，包括我们自己。但是，稳定的物质给我们的检测带来了困难，科学家们想尽一切办法去测定物质的元素组成，中子活化分析就是其中的一种方法。中子就像枪弹，当它射入一些物质的原子核，就会把这个原子变成不稳定、有放射性的原子，通过这些“人造”的有放射性的物质，结合计算机的测量和计算，我们就能从性质和数量上分析一些元素。目前这种方法可以测定近80种元素，分析灵敏度很高，已经广泛应用于各个领域。

在医学领域，中子活化分析技术可以用几根头发来检查患者是否缺锌缺钙；可以检查出兴奋剂和麻醉剂；还可以用于侦破案件。比如牛顿之死的传统说法是他死于内脏结石，但活化分析的结果是他死于铅、汞、锑的重金属中毒，这可能是长期在实验中品尝或嗅闻化学药品导致的，这也提醒我们一定不要去品尝化学试剂。

# 11

# 光子刀是什么?

光子刀是利用X射线杀死癌细胞的一种传统的治疗方式。正如前面所说，X射线可以穿透人体，帮助我们进行“透视”来检查体内的病变。既然X射线有穿透的力量，那它也就有一定的杀伤力。历史上，研究X射线的科学家在X射线被发现不久后就发现了它对人体的伤害性。试想，虽然过量X射线能够伤害人体组织，但是如果我们严格控制强度和剂量，集中火力用X射线向肿瘤细胞发起进攻，那肿瘤细胞也会受到巨大伤害。这就是光子刀的治疗原理。1896年，一位奥地利医生用X射线治好了一位5岁孩子背部的黑毛痣，开启了放射治疗的序幕。但是这位被治好的女孩的背部也出现了放射性溃疡，由此可见光子刀的X射线在杀死病变细胞的同时，也会对正常细胞产生损伤，所以放射治疗只有专业的医师才能开展。好在此后又有许多损害更小、更高效的新式放疗技术产生，用以解决临床上棘手的问题。

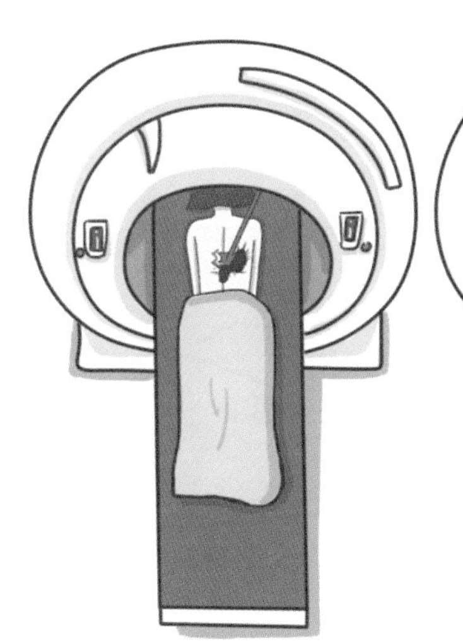

# 中子刀是什么?

中子刀利用 $^{252}$Cf 发出的中子射线对肿瘤进行照射。中子刀与我们常说的伽马刀、光子刀不同，伽马刀和光子刀都是从体外射入体内对肿瘤进行杀伤，中子刀则是在体内发挥作用。治疗时，只需要通过机器将“弹药”中子源注入体内，然后它就顺着人体的腔道、管道到达肿瘤处，发射中子杀伤肿瘤。中子刀治疗复发率低，且安全无创，不开刀、不出血、无痛苦，主要适用于人体腔道或管道内的肿瘤，可以治疗宫颈癌、子宫内膜癌、食管癌等。因为治疗用的中子射线在体内穿透力差，作用距离有限，内照射的方法更是避免了光子刀那样在路径上对健康组织的损伤，所以有效减少了不必要的伤害，副反应轻，并发症少。

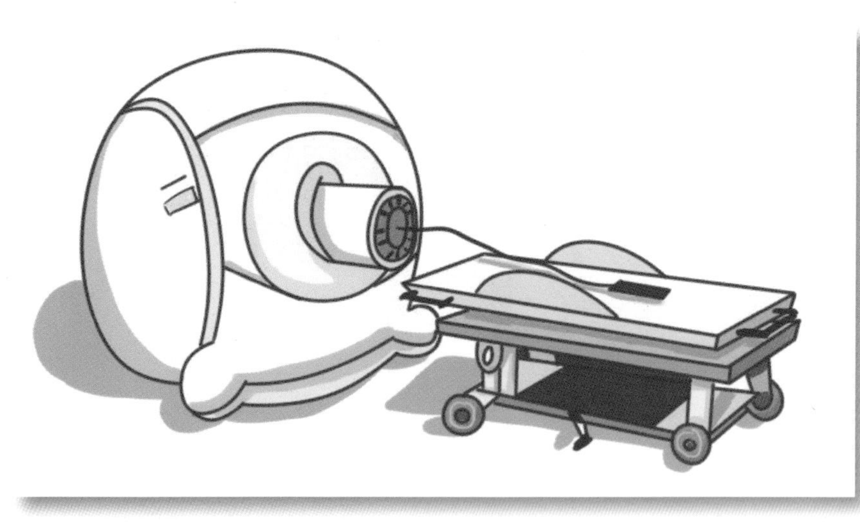

# 质子刀是什么?

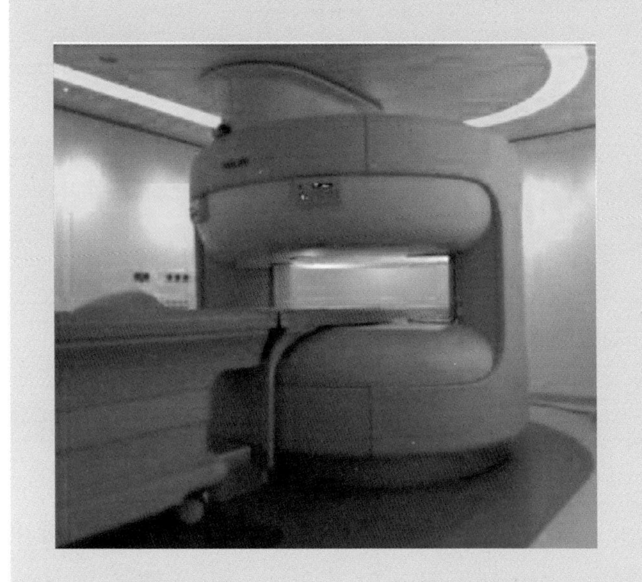

光子刀是利用 X 射线直接穿透人体，释放能量来达到杀伤肿瘤的目的，质子刀也是这样。但是光子刀和质子刀表现上有着显著的不同。放射治疗要想达到目的，必须要有足够的能量到达肿瘤部位才能起到杀伤作用。X 射线在穿过人体的时候会均匀释放能量，因此 X 射线对人体正常组织有伤害，医生在治疗时往往不敢选择很大的剂量，然而剂量不够又会导致治疗没有

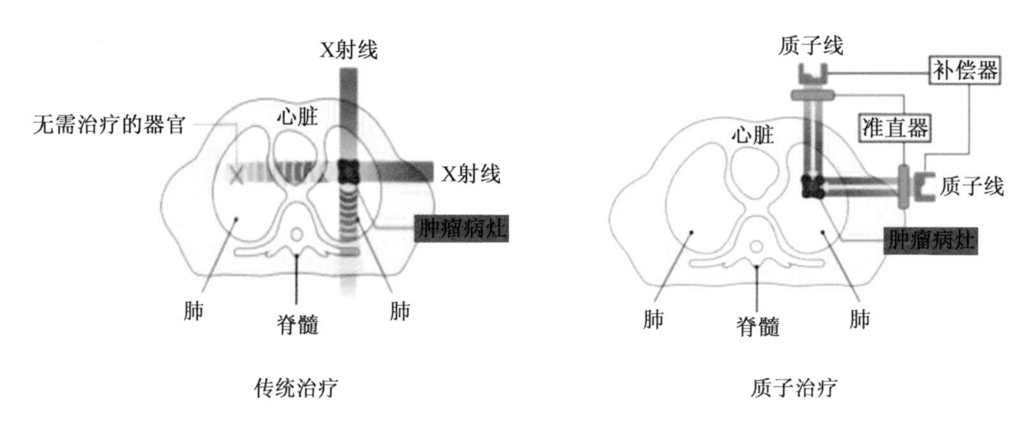


传统 X 射线治疗与质子治疗的比较

太大效果，因此传统的放射治疗在某些肿瘤治疗方面很受局限。而质子就很好地解决了这一困境。质子刀把质子加速到约 70% 光速射入人体，质子进入人体后需要走过一段路程才会集中释放能量，因此只要医生能够精确控制，可以让质子在到达肿瘤的瞬间释放大量能量，实现对肿瘤的“立体定向爆破”，对其他的组织又伤害很小。2014 年我国自主研发的 100 MeV 质子回旋加速器成功实现首次出束，为医用质子回旋加速器的样机研制工作奠定了基础。

# γ 刀是什么?

γ 射线是一种波长很短的电磁波，与我们常见的光属于同一类，但是它穿透力很强，能量很高，对细胞有很强的杀伤力。当我们用放大镜对准太阳，太阳光聚焦在一个小点的时候可以产生高温点燃纸张，γ 刀的原理与这个相似，只是比放大镜聚焦更加精准，需要计算机来控制。为了保护正常的组织，必须让 γ 射线从各个方向摄入并聚焦在一点，这样其他组织受到的辐射很小，而聚焦部位的病灶则很快被破坏。γ 刀治疗时间短，方便又安全，没有禁忌证，而且不开刀、不出血、不麻醉、不疼痛、不住院，具有明显的优势。γ 刀主要用于治疗脑部疾病，比如肿瘤、脑血管性病变和功能性脑神经疾病。我国1997 年有了第一台体部 γ 刀（全身 γ 刀）。

# 15

# BNCT 治疗是什么?

希腊神话中的特洛伊城被围城十年而不破，却最终败在希腊人的木马之下。木马表面是给神的礼物祈求恩赐，却不曾想里面藏着的是全副武装的战士，从内部让特洛伊城瓦解陷落。BNCT 全称为硼中子俘获治疗，使用的是相同的战略。有一种硼化合物与肿瘤的亲和力很强，一旦被注射入人体就会在肿瘤处大量聚集。这种化合物对肿瘤并没有危害，但实际上这是我们对付肿瘤的“特洛伊木马”。当这种化合物在肿瘤处大量聚集后，使用一种超热中子射线进行照射。射线本身对人体伤害不大，然而一旦遇见癌细胞中的硼就会发生强烈的核反应，释放出强力的射线，杀死癌细胞。产生的射线射程很短，大概只有一个细胞那么长，因此人体正常的组织不会受到伤害，而癌细胞则是很快就被瓦解了。2009 年，我国建成了世界首台用于治疗恶性肿瘤的 BNCT 装置“医院中子照射器”，在治疗脑胶质瘤和黑色素瘤方面做出了贡献。

# 16 重离子治疗癌症有什么优越性?

重离子是重于2号元素氦原子的带电粒子。重离子治疗这种方法与质子刀十分相似，都是利用了粒子进入人体走过一段路程以后才释放能量杀伤细胞的原理。重离子治瘤是目前公认最好的放疗方法，它同样照射位置精确，疗程短，无痛苦，几乎没有副作用。我国是继美国、德国和日本之后，第四个拥有重离子束治疗恶性肿瘤技术的国家。但是，重离子治疗价格高昂，是普通放疗的数倍，且设备体积巨大又昂贵，安装总成本甚至达到30亿元人民币，更不用提每年上千万的维护费用。建立一座重离子治疗中心的资金用来建一座三甲医院都绰绰有余。

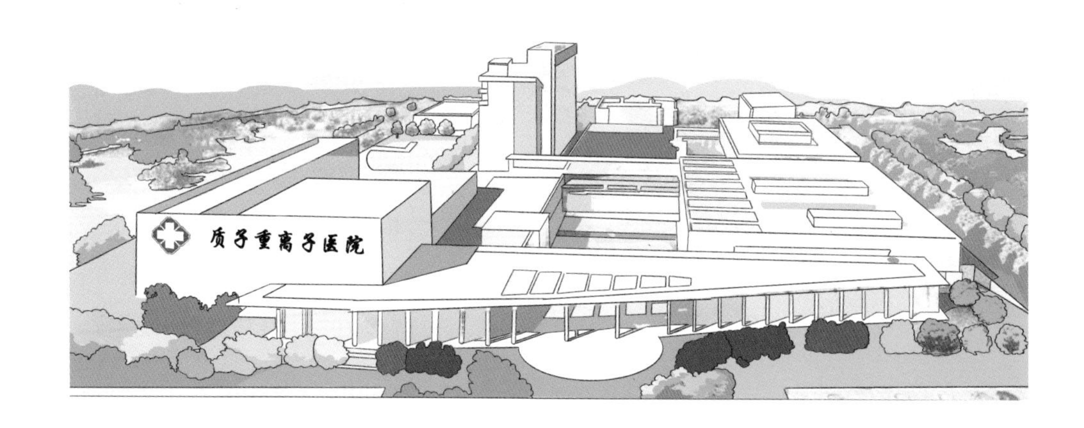

# 17 核电池是如何应用于心脏起搏器的?

核电池也就是放射性同位素电池。核电池的发电原理虽然与核电站不同，但本质上的能量来源都是一样的，即放射性物质产生的热量。它是利用放射性同位素放出射线过程中发出的热量，通过热电转换系统，把热量变成电能的装置。核电池的能量完全来自里面的放射性物质，不需要阳光照射，不受电磁干扰，可以在恶劣环境下使用，使用寿命长，因此可以用作人造卫星、太空探测器、海洋灯塔的辅助电源。

放射性同位素电池一般做成圆柱形，它由几层组成，最外层是薄金属筒构成的外壳，起保护和散热作用；第二层是阻挡射线的辐射屏蔽层；第三层是热电转换器，可将热能转换为电能；中心是作为热源的放射性同位素。除了用于航天事业，同位素电池还被用于心脏起搏器。心脏是人生命的发动机，心脏如果不能正常跳动就可能会危及生命，医生常给这样的病人装上心脏起搏器。心脏起搏器可用一种超小型放射性同位素电池作为能源，使心脏保持正常的跳动。这种起搏器常用 $^{238}$Pu 作为电源，可使用 10 年。

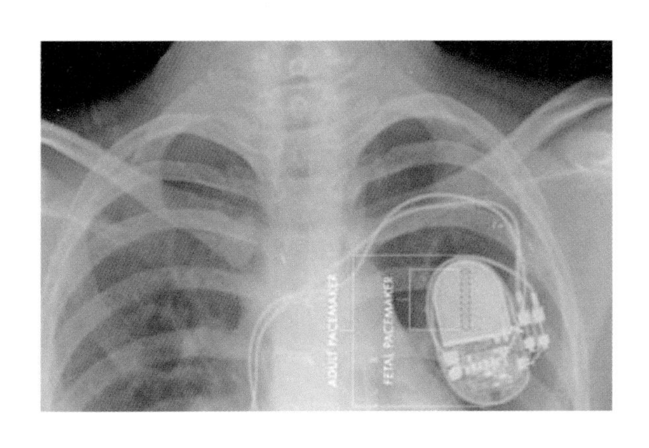

# 第八章 解密影视中的辐射超能力

影视作品极大地丰富了我们的精神世界，科幻题材的影片以及儿童动画作品中通常能看到辐射的身影，辐射的超能力赋予了形象神秘的色彩，更吸引大众的视野。我们列举了几个常见的辐射相关题材作品，将侧重描述其中可能蕴含的辐射真相。

# X战警中的“镭射眼”是什么?

X战警中的“镭射眼”（Cyclops）虽然不是片中主角，但他酷酷的外型给观众留下了深刻印象，或许有许多人都梦想拥有一双能够发射激光的眼睛。在漫画中他眼睛发射的并不是激光，而是一种虚构的粒子，撞击时会将能量转化为冲击力，而他佩戴的红晶石眼镜具有调节发射强度的功能。

影视作品和科幻游戏中有许多设定类似的光束武器，它们都是通过高速运动的粒子来杀伤目标的。现实中粒子流的撞击则是物理学家进行科学研究的利器，通过加速器产生的高速粒子一瞬间把微小的分子甚至原子撞开，让科学家得以一窥物质内部的奥秘甚至是宇宙的运行规律。目前，粒子加速器工程正被世界各国逐步推进，这将大大有助于人类认识宇宙。

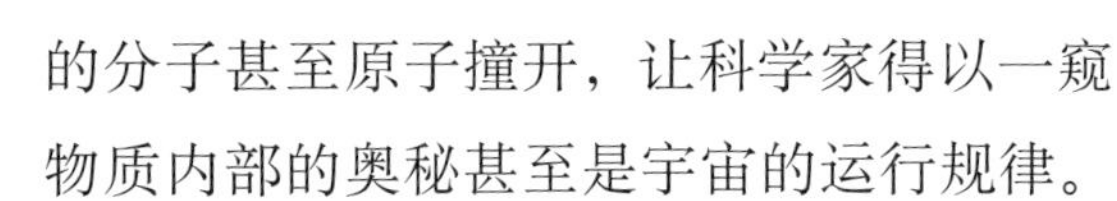

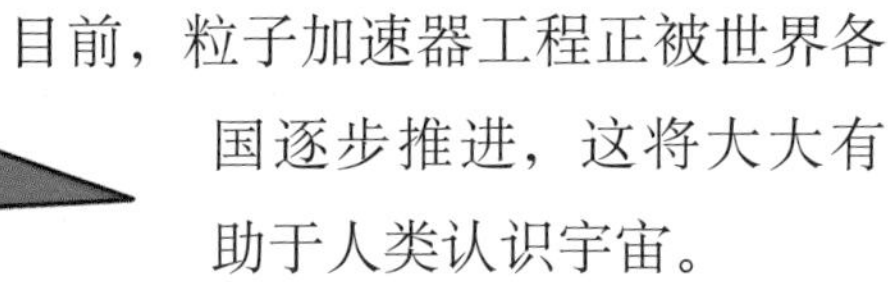

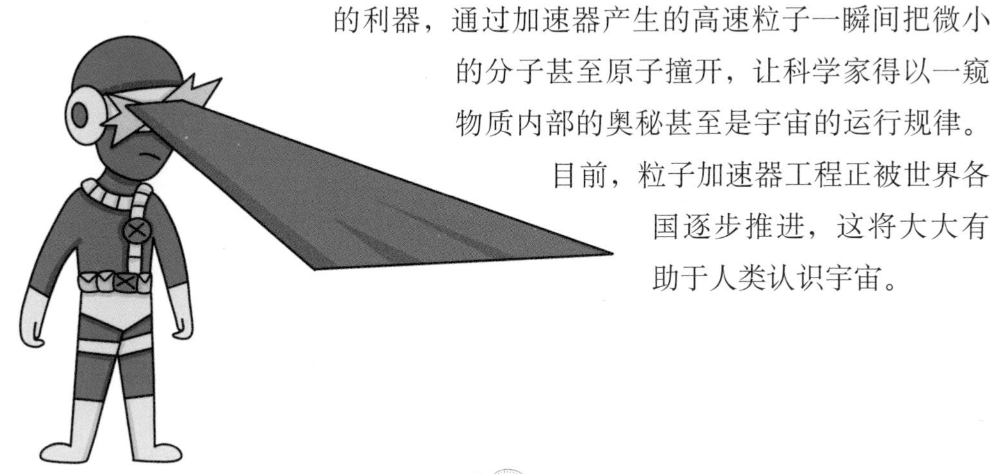

## 激光武器如何大显神通?

激光是20世纪以来最重要的发明之一，被称为“最快的刀、最准的尺、最亮的光”。激光的原理在1916年就被著名物理学家爱因斯坦阐明，时至今日，激光在生活中的应用更加广泛，有激光打印、光纤通信、激光唱片、激光矫视、激光美容、激光灭蚊等。

激光自问世以来，一直是各种科幻影视、游戏作品中的常客。巴斯光年是《玩具总动员》中的主角之一，他的人物设定就是其右臂具有可以发出激光的武器；著名游戏《红色警戒》中也有类似激光武器的光棱技术；《三体》中的终极规律号也遭受了高能伽玛射线激光武器的打击。影视作品中的激光大战惊心动魄、光影飞幻，但现实中的激光武器实际上在发射的时候是不可见的。激光真正做到了“指哪打哪”，方向性好，空气好的话几乎不会散射进入眼睛，更何况为了隐蔽往往设计成使用不可见光的激光武器，这样你无论如何都看不到或很难看到它，真正做到了无影无形。

# 光剑、能量剑、光束军刀的原理是什么？

《星球大战》中光剑削铁如泥，《光环》中外星人手持能量剑残忍屠戮，《机动战士高达》中高达使用光束军刀和步枪战斗，这些精彩的武器和场景也是众多科幻作品的最爱。这些炫酷的能量剑设定各有不同，但是多数是使用磁场等约束等离子体或者其他粒子，成为耀眼的剑刃。我们常见的物体有固体、液体、气体，当我们把物体加热到很高的温度，有些可能达到上千摄氏度，它就变成了等离子体。其原理是随着温度的升高，运动在原子核周围的电子越来越暴躁，最后离开了原子核，这样整个物质就成了一团带电的等离子体，所以它也有个形象的名字叫作电浆，可以想象用等离子体打造的剑刃自然是威力无穷的。等离子体现在用于冶炼、喷涂、焊接和切割，在未来可能会像科幻片里面的爆能枪、电浆枪那样成为武器，随着科技发展，打造一把真正的光剑可能在将来也会成为现实。

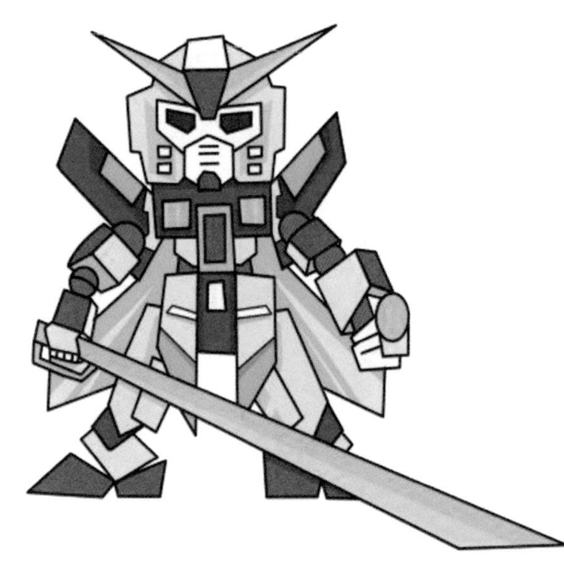

# 超人的X射线透视眼是怎样的?

中国著名神话人物孙悟空拥有着“火眼金睛”，超人也有X射线透视眼，可以透过物质表面看到里面。医院里我们利用X射线拍片来检查身体，火车站用X射线进行安全检查，这与超人的透视眼是差不多的原理。“火眼金睛”完全是传说，并没有科学依据，但是如果用核技术来解释的话，说不定孙大圣拥有着伽马射线或者X射线透视眼。如果孙大圣要利用这一长处在现代社会就职，是不是可以在安保领域大有作为呢？

# 阿童木的“原子力引擎”是什么?

阿童木是诞生于19世纪50年代的日本动漫人物，他的中文名阿童木正是英文名“Atom（原子）”的音译。阿童木的作者希望通过可爱的阿童木动漫形象，让这个“原子男孩”缓和第二次世界大战对日本青少年产生的巨大心理影响。阿童木是一个比人类更善良与包容的机器人，在一次次战争中帮助着人类。阿童木的动力来源是“原子力引擎”，这个原子力引擎与今天的核动力引擎颇为相像，但是技术上更胜一筹。今天，世界大国的核动力航母、核潜艇上都装有先进的核动力引擎，许多大国也相继建立了核电站来帮助解决能源和环境污染问题。合理运用核能发电没有传统热电厂的空气污染和碳排放问题，因此对国家发展、人民生活的改善大有裨益。

# 钢铁侠超级战甲的核心——方舟反应堆是什么?

钢铁侠问世后，方舟反应堆引起了全世界动漫迷们的强烈反响，有人甚至为方舟反应堆设计了详细结构图纸。方舟反应堆被设定为一个先进的微型核聚变反应堆，其装置外型借鉴的是著名的“托卡马克”装置。聚变反应堆有一个更通俗的名字——人造太阳，它的原理正是如同太阳发光发热的原理。相比现在被广泛使用的核电站的裂变，可控核聚变不但产能高，燃料还可以从海水中提取，也没有辐射危害，即使燃料泄漏也不会像切尔诺贝利那样形成恐怖的辐射禁区，可以说在各方面性能都碾压现在使用的核电站。然而它最大的问题是我们无法用任何容器装下一个“小太阳”，因为它足有千万摄氏度，这一

温度下任何容器都将不复存在。为此，科学家发明了“托卡马克”装置，用大量电能产生磁场将高温的物质牢牢禁锢起来。可惜的是今天的聚变反应堆所消耗的能量甚至比产生的能量都要多，所以要想解决这一技术难题我们未来还有很长的路要走。如此看来，钢铁侠的微型聚变装置要想面世恐怕也是在久远的未来。不过聚变反应堆一旦实现，未来我们就没有必要节约能源了，因为地球上的聚变燃料可以供人类使用上亿年而不产生任何污染，离地球不远的月球、木星、土星上也有近乎无穷无尽的聚变燃料。到那时，也许人类真的可以进行星际旅行，放眼太空，举目为家。

国际热核聚变实验堆“托卡马克”装置

# 受 γ 射线照射能变成绿巨人吗?

电影中的核物理学家罗伯特·布鲁斯·班纳博士在一次意外中被 γ 射线照射，身体产生变异，愤怒的时候就会变成绿巨人。也许许多喜欢超级英雄的孩子们都曾经幻想过接受 γ 射线的强化后变成绿巨人，但是现实并不是这样。正如前面所说的伽马刀可以杀死肿瘤细胞，自然也可以用来杀死人。γ 射线由无数 γ 光子组成，每一个光子都像一个子弹，经受 γ 射线照射的人就会被这些子弹一次次轰击，一旦打中了细胞里的 DNA，就可能造成基因断裂、突变。基因突变完全是随机的，且结果往往是不好的，更可怕的是这些变化如果发生在生殖细胞则会传给下一代，可能会让下一代出生之后饱受疾病折磨。可以说如果你经受了大量 γ 射线的照射而没有被烧成灰，那你也会饱受辐射病的折磨，痛苦得生不如死。所以那些 γ 射线还是留给我们体内的肿瘤细胞为好。

# 参考文献


[1] 孙静，魏作余．智能手机电磁辐射研究[J]. 电子测试，2017(10)：55-56.

[2] 李培武，伏旭．手机微波辐射对健康的影响[J]. 医学与社会，2013，26(10)：23-25.

[3] 逯娅雯，吴晓燕，王岩，等．手机辐射与甲状腺结节相关性[J]. 中国公共卫生，2019，35(4)：418-422.

[4] 佚名 .5G 的辐射真的比 4G 大吗？[J]. 中国无线电，2019(7)：59-60.

[5] 刘英华．移动通信基站的电磁辐射水平及其对人体健康的影响[J]. 中国辐射卫生，2014,23(1)：73-75，77.

[6] 赵红梅．手机通信与人体健康[J]. 大众标准化，2005(5)：32-34.

[7] 李婷．计算机电磁辐射的危害及控防[J]. 农村电工，2019,27(8)：61.

[8] 福林．减少电脑辐射的方法[J]. 农家之友，2012(9)：43.

[9] 佚名．每天面对电脑必吃的的七种抗辐射食物[J]. 吉林蔬菜，2019(2)：24.

[10] 佚名．防电脑辐射有妙招[J]. 吉林蔬菜，2018(8)：12.

[11] 佚名．防辐射化妆品是个谎言[J]. 广西质量监督导报，2007(3)：25.

[12] 陈毅然．家用电器的电磁辐射与人体健康[J]. 丹东师专学报，2002，24(4)：50-51,13.

[13] 李茂刚．如何避免家用电器的电磁辐射[J]. 新农村，2012(1)：40-41.

[14] 武权，刘庆芬，张晓东，等．我国食品中放射性核素含量与限制标准[J]. 癌变·畸变·突变，2012(6)：470-473.

[15] 范胜男，邓君，周强，等．食品放射性核素监测信息系统及应用情况 [J]. 中华放射医学与防护杂志，2019，39(10)：736–740.

[16] 付熙明，袁龙，刘英．食品和饮用水的放射性核素指导水平分析 [J]. 中国医学装备，2018，15(1)：32–36.

[17] 丁正贵，吕沈聪，胡赞．2018 年秦山核电站周边饮用水中总 α 和总 β 放射性水平的监测与分析 [J]. 中华放射医学与防护杂志，2019，39(7)：517–522.

[18] 刘永连．放射性物质藏在香烟里的杀手 [J]. 中国农村小康科技，1999(10)：45.

[19] 余小兰．香蕉吸钾特性及钾肥效应研究 [D]. 南宁：广西大学，2012.

[20] 冯伟．食品辐照加工技术的研究现状与展望 [J]. 科技风，2016(22)：153.

[21] 梁缉攀．建筑材料放射性的来源及检测技术 [J]. 广东土木与建筑，2006(8)：60–62.

[22] 王慧烨．浅谈建筑材料放射性核素限量的检测与防护 [J]. 速读（下旬），2018(6)：287.

[23] 程宝根．建材的天然放射性危害现状分析 [J]. 江西建材，2015(17)：283.

[24] 刘智慧，吕红宁，胡翔，等．地铁安检仪周围的辐射剂量与防护措施 [J]. 资源节约与环保，2018(3)：20–21.

[25] 田剑清．乘飞机会受辐射危害吗？[J]. 劳动安全与健康，2001(7)：50.

[26] 冯英进，陈蔚如，仲晶．飞行人员宇宙辐射有效剂量的估算和分析 [J]. 环境与职业医学，2004(4)：271–274.

[27] 刘蕴，姚永祥，周炼，等．“北京—纽约”极地航线空勤人员所受光子、中子有效辐射剂量测量分析 [J]. 中华航空航天医学杂志，2010，21(3)：185–188.

[28] 陶莹，牛刚，张祖威，等．高铁电磁辐射对女乘务员卵巢功能的影响[J]. 中山大学学报(医学科学版),2014,35(2)：274-277.

[29] 薛玉雄，马亚莉，杨生胜，等．火星载人探测中辐射防护综述[J]. 航天器环境工程,2010(4):437-443,404.

[30] 余康伦，李国华，姜志胜．航天飞行中宇宙辐射对宇航员骨骼系统的影响[J]. 中南医学科学杂志，2017,45(3):322-325.

[31] 范唯唯．美俄专家探究空间辐射与航天员癌症发病率的关系[J]. 空间科学学报,2019(5):568.

[32] 佚名．宇宙辐射恐致登火星宇航员大脑受损[J]. 广州医科大学学报，2016，44(5)：67.

[33] 谢勇，刘毅，张健康，等．放射性同位素电池用铱合金包壳材料的研究进展[J]. 贵金属,2019,40(4):78-84.

[34] 余群．“新视野”探测器的热控系统分析与启示[J]. 国际太空，2016(6):65-69.

[35] 王敏，高敬．太空更深处，人类到底能走多远？[N]. 新华每日电讯，2013-09-25（7）.

[36] 陈殿华．让核不再神秘：中国同位素与辐射行业协会秘书长陈殿华谈核技术应用的产业化发展[J]. 中国军转民，2008(4):45-48.